架空输电钢管塔关键节点设计

俞登科　李正良　刘红军　编著

中国电力出版社
CHINA ELECTRIC POWER PRESS

内 容 提 要

本书对架空输电钢管塔关键节点的受力性能和设计方法展开较为系统的研究。全书共分为7章，主要包括概述、钢管—插板连接的K型节点受力性能试验、钢管—插板连接的K型节点承载力理论分析、钢管—插板连接的K型节点有限元分析、钢管—插板连接的K型节点承载力计算方法、钢管—插板连接的K型节点全过程曲线计算方法、总结与展望。

本书可供架空输电钢管塔关键节点设计相关工作人员参考使用，也可作为高等院校相关专业广大师生的指导书籍。

图书在版编目（CIP）数据

架空输电钢管塔关键节点设计/俞登科，李正良，刘红军编著．—北京 ：中国电力出版社，2024.1

ISBN 978－7－5198－8558－8

Ⅰ.①架…　Ⅱ.①俞…②李…③刘…　Ⅲ.①架空线路－输电线路－线路杆塔－设计　Ⅳ.①TM753

中国国家版本馆CIP数据核字（2023）第254210号

出版发行：中国电力出版社
地　　址：北京市东城区北京站西街19号（邮政编码100005）
网　　址：http://www.cepp.sgcc.com.cn
责任编辑：刘子婷（010－63412785）
责任校对：黄　蓓　李　楠
装帧设计：赵丽媛
责任印制：石　雷

印　　刷：廊坊市文峰档案印务有限公司
版　　次：2024年1月第一版
印　　次：2024年1月北京第一次印刷
开　　本：787毫米×1092毫米　16开本
印　　张：9
字　　数：188千字
定　　价：48.00元

序

输电线路铁塔是电网建设过程中的主要设备，其发展离不开国家电力工业的发展。随着国民经济发展，更高电压等级的线路开始以钢材作为主要原料，钢管塔也在工程中得到应用。随着特高压输电线路的建设，钢管塔推广应用工作进入了一个新的阶段。我国幅员辽阔、水系发达且贯通南北，这势必导致输电线路横跨大江大河，如长江的跨越塔高度已超过 300 米，跨越距离超过 2000 米，结构处理难度较大，因此具备良好风荷载性能、优良承载能力的大跨越输电线路钢管塔被广泛应用。

随着钢管结构的大规模推广应用，工程师们逐渐发现在钢管塔结构中节点往往是其最为脆弱的部分。大负载作用下钢管径向刚度与轴向刚度差距悬殊导致节点可能先于支管发生破坏，并且破坏形式多样、受力较为复杂，从而导致节点设计成为钢管设计中最为关键也最为棘手的部分。作者针对钢管塔典型 K 型节点受力性能和设计方法展开了较为系统的试验研究和理论分析。在全面研究我国架空输电钢管塔结构现状的基础上，本书对钢管—插板连接的 K 型节点进行了足尺试验，探讨了节点在极限状态下的破坏机理。采用有限元法分析影响节点承载力的绝对参数和无量纲参数的关系，确定影响 K 型节点承载力的主要参数。同时，利用能量法对基于主管控制和环板控制的节点承载力的求解过程进行推导，得到估算此类节点承载力的解析模型，该模型考虑了环板和钢管的共同作用，能较准确反映节点局部屈服时塑性铰的发展，简化了节点复杂的受力状态。在此基础上，提出两种控制的 K 型节点极限承载力简化计算公式，为实际工程的设计提供理论依据。本书还建立了考虑节点半刚性性能的初始转动刚度计算公式和节点弯矩—转角计算方法，并基于试验和理论分析结果，给出了钢管塔连接节点半刚性设计方法。本书是一本可以指导输电线路钢管塔结构设计和应用的专业书籍，也可指导类似钢管塔结构体系的试验及理论分析。

本书内容全面，逻辑清晰，具有较强的可操作性，可作为架空输电钢管塔结构体系研发和设计的专业指导书籍，希望该书的出版能够促进架空钢管塔结构设计技术的创新、应用和发展，起到行业引领作用并产生工程示范效应，进而为我国绿色建造的发展增砖添瓦。

李鸿

2023.10

前言

为了满足经济发展带来的日益增长的用电需求，新建输电线路电压等级越来越高，输电铁塔日趋大型化，其荷载也相应增大。由于特高压输电塔和大跨越输电塔的塔身较高，这种高柔结构在较大程度上受到各种荷载的制约。相对角钢塔，钢管塔迎风面积小截面回转半径大，因而在我国特高压和大跨越输电线路中被广泛采用。同角钢塔相比，钢管塔的设计参数、设计方法及加工技术等方面均具有一定的特殊性。而节点设计是钢管塔设计的重要环节，结合以往钢管塔工程经验，斜材、辅材与主材的连接采用插板形式，横担主材与塔身连接采用十字型插板。为了高质量实现国家“十四五规划”提出的创新创质、节能“双碳”目标，填补输电塔结构关键设计技术的空缺，提升我国输电塔结构的设计水平，完善杆塔规范体系，提升结构设计的技术竞争力，本书对架空输电钢管塔关键节点的受力性能和设计方法展开较为系统的研究。

全书共分为7章，主要包括概述、钢管—插板连接的K型节点受力性能试验、钢管—插板连接的K型节点承载力理论分析、钢管—插板连接的K型节点有限元分析、钢管—插板连接的K型节点承载力计算方法、钢管—插板连接的K型节点全过程曲线计算方法、总结与展望。

限于作者的学术水平及工程实践方面的能力，书中难免会存在错误或不足之处，敬请同行专家和广大读者给予批评指正。

编　者

2023年11月

目录

第1章　概　　述

钢管结构的输电塔主要杆件大部分由钢管构成，主要优点是体型好、管迎风体型系数小、截面回转半径大，因而杆件受压稳定性好、省材。目前大型多功能钢塔的材料多以钢管为主，特别是大口径自动焊接卷管有逐步取代无缝钢管之势。因此，材料单价可降低，材料的规格基本不受限制，钢管塔的优越性更为明显。事实证明，钢管塔与角钢塔相比，更具技术经济性。钢管用于高塔具有刚度大、稳定性好的特点，最为优越的是可以大幅节省钢材用量，与角钢塔相比，钢管塔可节省约30%的钢材。虽然钢管价格比角钢价格略高，但钢管塔的总体价格却比角钢塔总体价格低。钢管结构跨越塔目前在国内已有成功的设计、施工、运行经验。另外，国内有很多大型电视塔，更是广泛采用钢管结构，因此钢管结构在加工生产上不存在技术问题。

一、钢管塔节点形式、特点

钢管塔节点主要分为插板连接和相贯焊连接两种形式。两种节点各自有其优缺点，因而适合于不同的结构。插板连接支管对全管的作用通过节点板转换为局部的平面作用，而相贯焊接连接主管则是直接承受支管传递的空间作用。节点的构造除须满足主、斜材传力的要求外，还须做到整个节点受力合理，并要保证加工的可实施性，应尽可能的便于加工和安装。

由于塔身上节点部位构造复杂、无规律性，若统一采用相贯焊连接，将不可避免地产生钢管斜材在节点部位的搭接，而搭接节点由于其构造的特殊性，难以检测其隐蔽焊缝的施工质量，尤其是在气候恶劣的野外施工条件下，其受力性能难以得到保证。相比之下采用插板连接形式，由于节点板的尺寸可以自由调整，并且螺栓连接施工简单，易保证质量。因此，插板连接在钢管输电塔上的应用较为广泛，故对钢管插板节点的受力性能进行研究意义重大。常见的插板节点类型如图1-1所示。

二、钢管—插板节点承载力的研究现状

高压输变电工程是重要的生命线工程，作为主要结构的塔架，其安全性是保障大规模区域电力系统可靠性的基础。输电塔架是高柔结构，通常处于比较恶劣的气候条件，在塔—线耦合作用下，其受力状态非常复杂。尤其是输变电塔架的节点，其形式复杂多样，

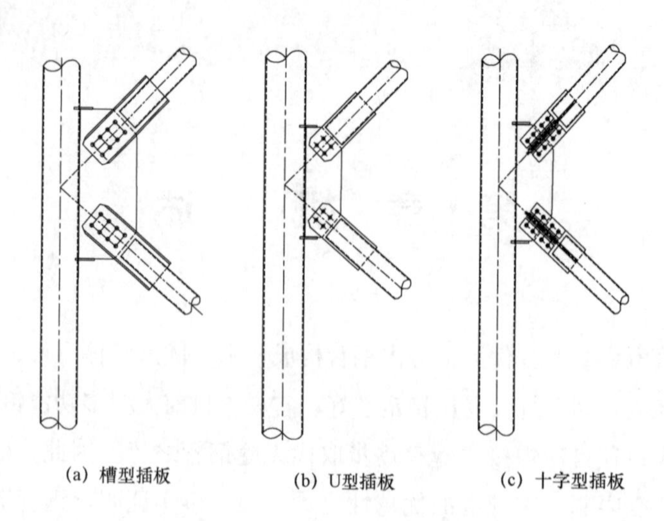

图 1-1 常见的插板节点类型

连接杆件来自不同的方向，数量众多，受力情况非常复杂，是塔架的重点部位。输电铁塔的节点构造是铁塔设计的重要环节。角钢塔在这方面已进行了比较充分的研究，形成了较成熟的理论。钢管塔在我国刚开始应用，国内还未对节点的构造作专门的研究。国际上由于一些发达国家特高压交流输电线路的建设，钢管塔的应用较早，对钢管塔的试验研究也进行得较早。日本早在 20 世纪 80 年代就在钢管塔节点构造方面做了较深入的研究工作，并形成了节点设计的一整套方法。目前，我国在设计钢管塔时也较多地借鉴了日本的方法。

钢管节点的研究最早是由前西德于 1948 年实施的钢管节点极限强度开始的，随后美国在 20 世纪 50 年代开始对管节点进行研究。20 世纪 60 年代许多发达国家在电视塔、输电塔等工程中广泛应用钢管结构，钢管节点的研究得到了空前的发展。20 世纪 60 年代末至 70 年代初一些规范开始纳入圆钢管节点的设计。经历了半个多世纪的发展，对钢管节点的研究取得了一定的成果，但还远不成熟，原因在于钢管节点的影响因素众多，受力比较复杂。

1981 年 Yura 等人对 1979 年前的数据进行了分析整理，提出一些试验中的节点模型太小，很难准确模拟焊缝及局部性能，尤其是有断裂发生处的性能。许多试验缺乏变形数据，如果变形过大，对节点起控制作用的将是挠度而不是荷载。在某些情况下，被破坏的是构件而不是节点。同时他们还综述了轴向加载的 T 型、Y 型、DT 型和 K 型节点性能，以及弯矩加载的节点性能，根据经筛选的 137 个实验结果，用经验法建立了改进的管节点极限承载力方程。1982 年日本学者 Kurobane 等人指出，由于节点形状的复杂，由纯分析法估计节点极限承载力是不切实际的，他们根据 747 个 X 型、Y 型、T 型、K 型节点的试验数据，使用简单的力学模型，运用多元回归技术给出了屈服和极限强度公式，并指出在确定相应设计条件下的抵抗因子必须考虑标准的容差控制、材料的选用和结构尺寸。1994

年日本学者 Paul 在 58 个空间 KK 型节点试件试验结果的基础上，使用多元回归分析得到空间管节点极限承载力公式，并指出事实上空间相互影响相当大。近年来 Cofer 等人讨论了一个建立在有限元法基础上的用于焊接管节点分析的新模型，该模型使用壳元和块体元，考虑了大变形和弹塑性，用连续介质损伤力学方法模拟裂缝的形成和开展，并在此模型参数分析的基础上建立了一种优化的环模型。1996 年，Makino 等建立了资料完备、可供研究者自由下载的钢管相关节点试验及有限元分析的数据库，最新的资料更新于 1998 年。1996 年 C. T. Kang、D. G. Moffat 和 J. Mistry 对空间 TT 型节点在主管受压状态下的承载力性能进行了试验和理论分析的研究工作。1999 年，C. K. Soh 和 T. K. Chan 等在屈服线理论的基础上，对受轴向荷载的 X 型节点的承载力计算建立了两种理论模型。

在国内，对相贯焊节点的研究相对较多，而对钢管插板节点的研究很少。最近几年由于我国大力推广钢管塔的应用，因此也有很多学者开始了研究。吴龙升、孙伟民等人基于 4 个 U 型插板钢管连接节点，考虑材料非线性和几何非线性对 U 型插板的钢管节点承载力特性进行了非线性有限元分析，得出空间焊缝极限屈服承载力要比一般平面焊缝屈服极限承载力低，用一般平面焊缝的计算公式计算不合适的结论。金晓华、傅俊涛等人通过试验和有限元分析对平面 K 型十字插板进行了研究，考察了十字插板连接节点的受力特点，并指出了主管管壁与节点板连接处存在较为明显的应力集中现象。傅俊涛在其硕士论文中通过几个钢管插板节点试验及有限元分析研究了 K 型插板节点的受力性能、塑性扩展过程，揭示了此类节点的破坏机理和两种典型破坏形式，获得其极限承载力及其随节点几何参数的变化规律，得到了一些基本结论。

三、钢管—插板节点工程应用急需解决的问题

特高压输电钢管塔结构中，主材通常采用锻造法兰连接，主、斜材之间则绝大多数采用 C 型插板连接，局部采用 X 型插板连接，典型的钢管塔主斜材连接节点。在计算模型的节点处，主材通常为连续构件，可视为连续梁单元，主、斜材插板节点螺栓从 2～10 颗不等，其连接刚度应介于刚接和铰接之间。当前杆塔设计中，通常简单地将钢管塔节点假定为铰接节点，并通过如下两种方式考虑次弯矩效应：①预判可能存在次弯矩的部位，预留安全裕度，这种简化方法比较依赖设计经验，且很难定量判断其安全性；②将主材改用梁单元计算，进行压弯承载力复核，这种方法将忽略了主、斜材节点的刚度对构件内力的影响，也与实际不符。因此，分析输电塔结构主、斜材节点的连接刚度和受力模型，并定量研究其对构件及结构受力性能、承载能力的影响，对于特高压输电塔结构的安全性具有十分重要的意义。

第2章　钢管—插板连接的K型节点受力性能试验

2.1　主管和环形加强板控制的K型节点承载力试验

2.1.1　概述

采用管—板连接节点的钢管塔存在钢管的局部屈曲问题，在实际输电铁塔中通过添加环形加强板来降低局部屈曲的影响，而我国没有相应的设计验算方法。在2008年12月由中国电力科学研究院有限公司和中国电力工程顾问集团有限公司共同承担的“1000kV交流同塔双回输电线路杆塔研究”项目SZT2塔的真型试验中观察到了钢管的局部屈曲这一现象，中国电力科学研究院有限公司前期也已初步开展了钢管局部屈曲及插板连接节点的试验研究工作。

结合1000kV特高压输电线路钢管塔的连接形式，开展相应的试验研究，弄清复杂节点的受力情况，提出管—板连接节点的局部屈曲承载力计算方法，为特高压杆塔节点设计及处理提供试验依据，为特高压线路的建设和安全运行提供技术支持，是保证我国特高压输变电线路杆塔结构经济可靠运行的关键，对特高压线路采用新的设计理念及设计技术具有十分重要的意义。

钢管节点连接形式如图2-1所示。其中，图2-1（a）为钢管塔典型K型节点连接形式，图2-1（b）、（c）和（d）是节点局部图。

2.1.2　试验模型设计

选取工程中常用的K型节点进行试验，K型插板连接构造如图2-2所示。主管规格为ϕ 219×6，长度均为2m，支管规格为ϕ 133×6，受压支管与主管夹角取45°，受拉支管与主管夹角取50°，材料均为Q345直缝焊管，试验样本见表2-1。

表2-1　试验样本

序号	材质	D	t	B	R	t_r	T	R/D	连接形式	数量	备注
C1	Q345直缝、1/4环	219	6	737	40.5	8	16	0.185	]型	3	4排螺栓
C2	Q345直缝、1/4环	219	6	657	50.5	10	16	0.231	]型	3	3排螺栓
U3	Q345直缝、1/4环	219	6	486	50.5	8	16	0.231	U型	3	

续表

序号	材质	D	t	B	R	t_r	T	R/D	连接形式	数量	备注
S4	Q345 直缝、1/4 环	219	6	586	80.5	8	16	0.368	十字型	3	

注　D 为主管直径，t 为主管壁厚，B 为节点板高度，R 为加强环板高度，t_r 为加强环板厚度，T 为节点板厚度，单位均为 mm。

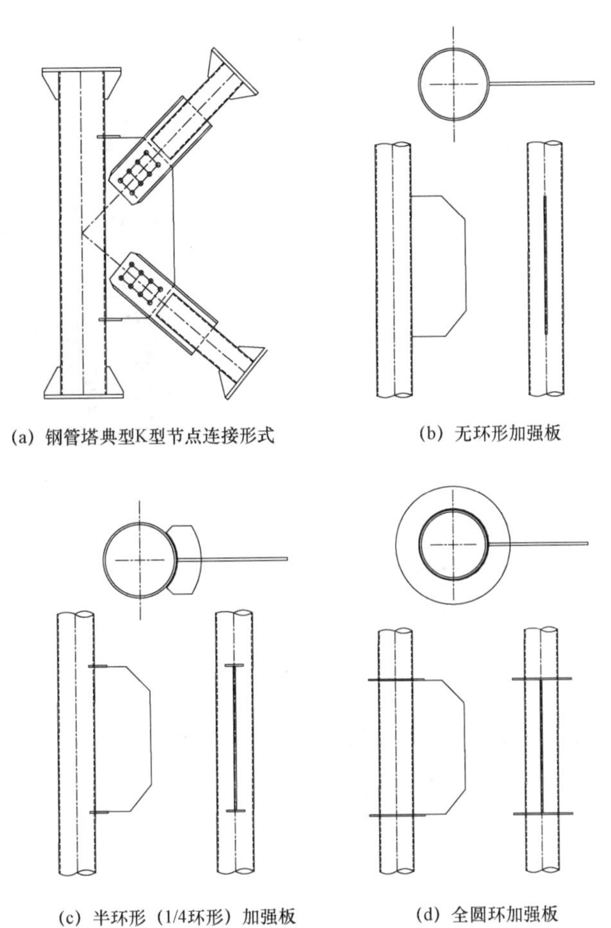

(a) 钢管塔典型K型节点连接形式　(b) 无环形加强板

(c) 半环形（1/4环形）加强板　(d) 全圆环加强板

图 2-1　钢管节点连接形式图

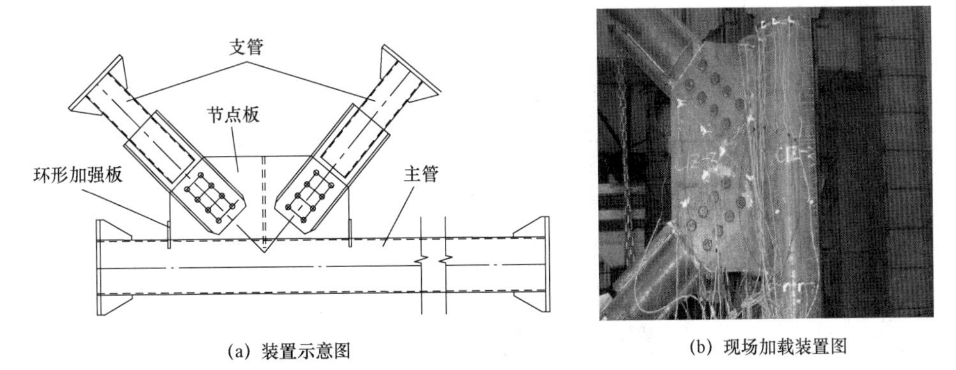

(a) 装置示意图　(b) 现场加载装置图

图 2-2　K 型插板连接构造图

2.1.3 试验装置及加载

试验构件底部置于底座钢铰上，其余杆件端部连于千斤顶上，试验装置示意如图 2-3（a）所示，现场试验加载装置如图 2-3（b）所示。加载方式为与主管连接的 2 号千斤顶向下压，与支管连接的上端 3 号千斤顶向下压，与支管连接的下端 1 号千斤顶向下拉进行逐级同步加载。

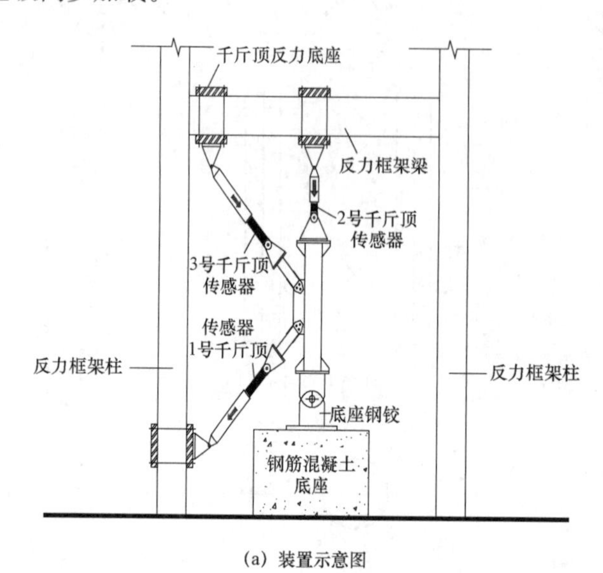

(a) 装置示意图

(b) 现场试验加载装置

图 2-3 K 型节点承载力试验装置图

试验加载为单向分级加载，为详细描述节点板应力的变化情况，本次试验加载方案考虑很小的加载增量，每级加载后停顿 1min 后继续加载，直到试件破坏无法再加载为止，试验加载方案见表 2-2。

表 2-2 试验加载方案

加载步	1 号千斤顶拉力（支管拉力）（kN） 3 号千斤顶压力（支管压力）（kN）	2 号千斤顶压力（主管轴力）（kN）
1	40	20
⇩	每级荷载增量为 40kN	每级荷载增量为 10kN
10	400	120
⇩	每级荷载增量为 20kN	每级荷载增量为 5kN
20	600	170
⇩	每级荷载增量为 5kN	停止加载
30	650	
⇩	直到主管或环板发生屈服而停止加载	

2.1.4　主要试验结果

试验观察到试件破坏模式为局部破坏，构件破坏形态如图 2-4 所示，其破坏模式有如下现象：①构件 C2 的主管在钢管 1 号位置处管壁产生局部凹陷，其变形量较小；在 2 号位置处管壁产生局部隆起，其变形量也较小。②构件 U3 和 S4 的钢管 1 号位置处的破坏形式与钢管 2 号位置处的破坏形式相反，管壁产生局部凹陷，其变形量较小；在 2 号位置处管壁产生局部隆起，其变形量明显。环形加强板与主管连接处钢管被拉裂。③构件 C1 的钢管 2 号位置处局部屈服程度不明显。

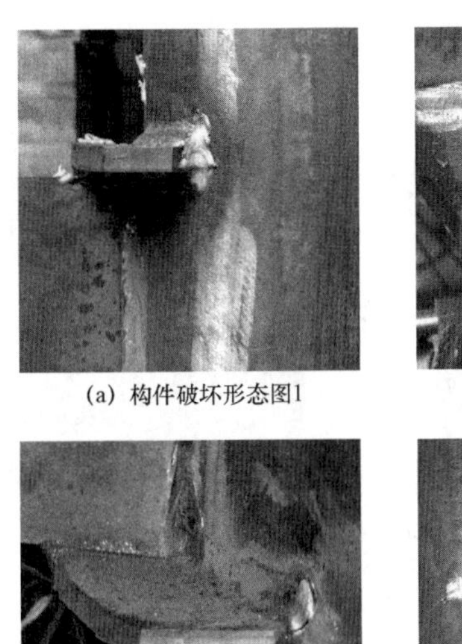

(a) 构件破坏形态图1　(b) 构件破坏形态图2

(c) 构件破坏形态图3　(d) 构件破坏形态图4

图 2-4　构件破坏形态图

因此本文将着重分析钢管 1、2 号位置附近管壁。关键点应变布置如图 2-5 所示，荷载—应变曲线和荷载—位移曲线如图 2-6 所示。

从图 2-6 可以看出，随着荷载的增加，测点的应变由线性变化变为非线性变化，表明测点附近已经进入了屈服阶段。当荷载继续增加，测点均进入塑性，钢管节点迅速发生破坏，即钢管和加强环板附近塑性域已经贯通，最终变为机构体系，节点达到极限承载状态。

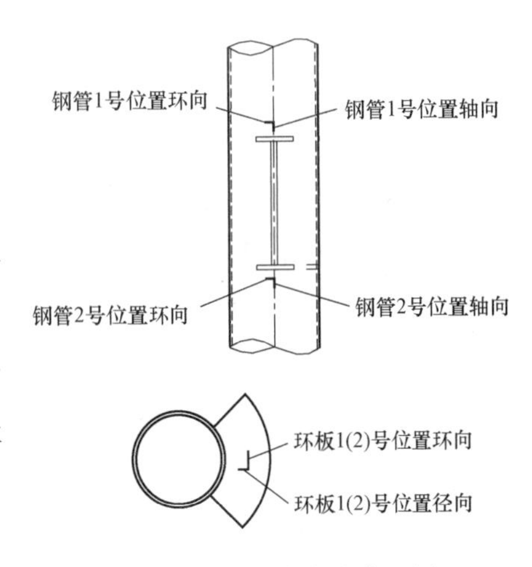

图 2-5　关键点应变布置图

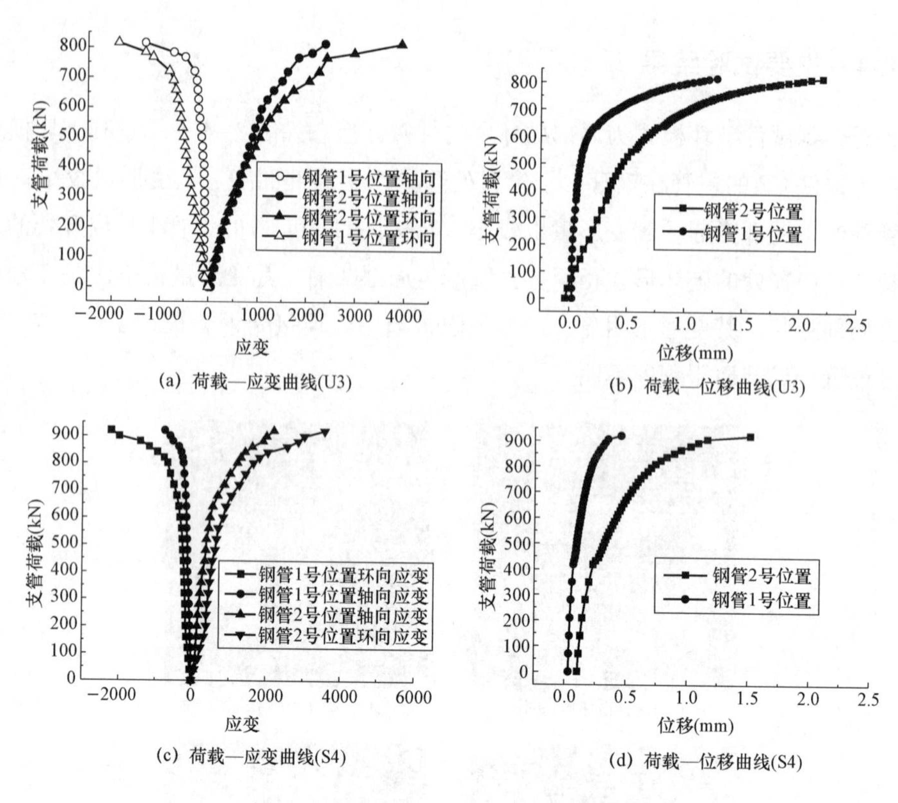

(a) 荷载—应变曲线(U3)　(b) 荷载—位移曲线(U3)

(c) 荷载—应变曲线(S4)　(d) 荷载—位移曲线(S4)

图 2-6　荷载—应变和荷载—位移曲线

2.2　钢管—插板连接节点板承载力试验

2.2.1　概述

输变电塔架节点多采用节点板连接，即通过节点板将杆件相互连接，以达到传力的目的，因此节点板是节点受力的关键部件，必须予以重点关注，但目前国内外对输变电塔架的连接节点的研究不多，现有研究多集中在普通工业民用建筑中的钢桁架和有支撑钢框架的支撑节点板连接节点上，且设计时主要参考普通工业与民用建筑钢结构的标准节点，仅根据经验加以一定的调整和修正。但与普通建筑钢结构桁架的节点板连接相比，塔架节点有其自身的特点：①节点板与杆件多为单角钢单面连接，板处于偏心受力的状态，受力情况非常复杂，而普通建筑钢桁架节点板连接多为双角钢轴心连接；②节点板与杆件通常采用螺栓连接，而普通建筑钢桁架节点板连接多采用焊缝连接，两种连接方式的传力特征有所不同。由塔架节点的上述特征可知，其节点板的受力性能与普通钢桁架的节点板存在一定差别，但《钢结构设计标准》(GB 50017—2017) 关于节点板的设计规定针对的是焊缝连接和双角钢连接轴心受力的节点板，将其运用到螺栓连接的塔架节点是否可行尚缺乏可靠依据。因此，研究塔架典型节点的受力性能，掌握其在复杂受力状态下的破坏机理，为设计方法和构造措施提供建议已成为输变电塔架结构设计中亟待研究的问题。

2.2.2　试验模型设计

选取工程中常见的K型节点进行试验，主管规格为ϕ 219×6，支管规格为ϕ 133×6，受压支管与主管夹角取45°，受拉主管与主管夹角取50°，材料均为Q345直缝焊管，为达到连接板失稳的目的，将连接板厚度设计得较薄。试验样本见表2-3，节点构造如图2-7所示。

表2-3　　　　试　验　样　本

试件编号	连接形式	插板厚度（mm）	节点板厚（mm）	数量	备注
C1S	] 型	10	8	3	中部无肋
C2S	] 型	10	8	3	中部有肋
C3S	] 型	10	8	3	卷边
C4S	] 型	10	8	3	3排螺栓
U586	U型	8	8	3	

2.2.3　试验装置及加载

本次实验在重庆大学大型结构试验室进行。装置示意如图2-8（a）所示，现场试验加载装置如图2-8（b）所示。试件底部置于底座钢铰上，其余杆件端部连于千斤顶上。加载方式为与主管连接的2号千斤顶向下压，与支管连接的上端3号千斤顶向下压，与支管连接的下端1号千斤顶向下拉进行逐级同步加载。当主管轴力$N/N_y<0.2$时，停止对主管加载。与支管连接的千斤顶继续加荷，直到节点发生破坏为止，加载方案见表2-4。试验加载为单向分级加载，为详细描述节点板应力的变化情况，本次试验加载方案考虑很小的加载增量，每级加载后停顿1min后继续加载，直到试件破坏无法再加载为止。

表2-4　　　　试 验 加 载 方 案

加载步	1号千斤顶拉力（支管拉力）（kN） 3号千斤顶压力（支管压力）（kN）	2号千斤顶压力（主管轴力）（kN）
1	20	20
⇩	每级荷载增量为20kN	每级荷载增量为10kN
10	200	120
⇩	每级荷载增量为10kN	每级荷载增量为5kN
20	300	170
⇩	每级荷载增量为5kN	停止加载
30	350	
⇩	直到节点板发生屈曲而停止加载	

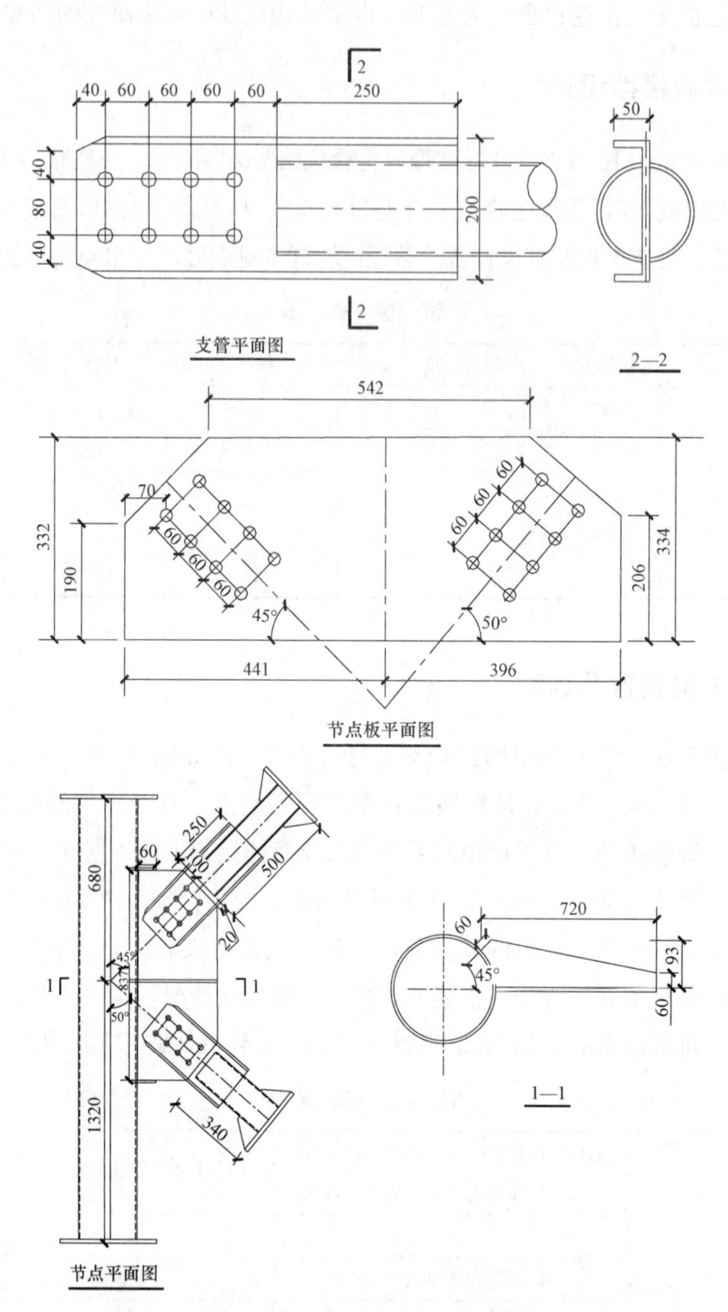

(a) 槽型插板连接中部有(无)加肋节点示意图

图 2-7 节点构造图（一）

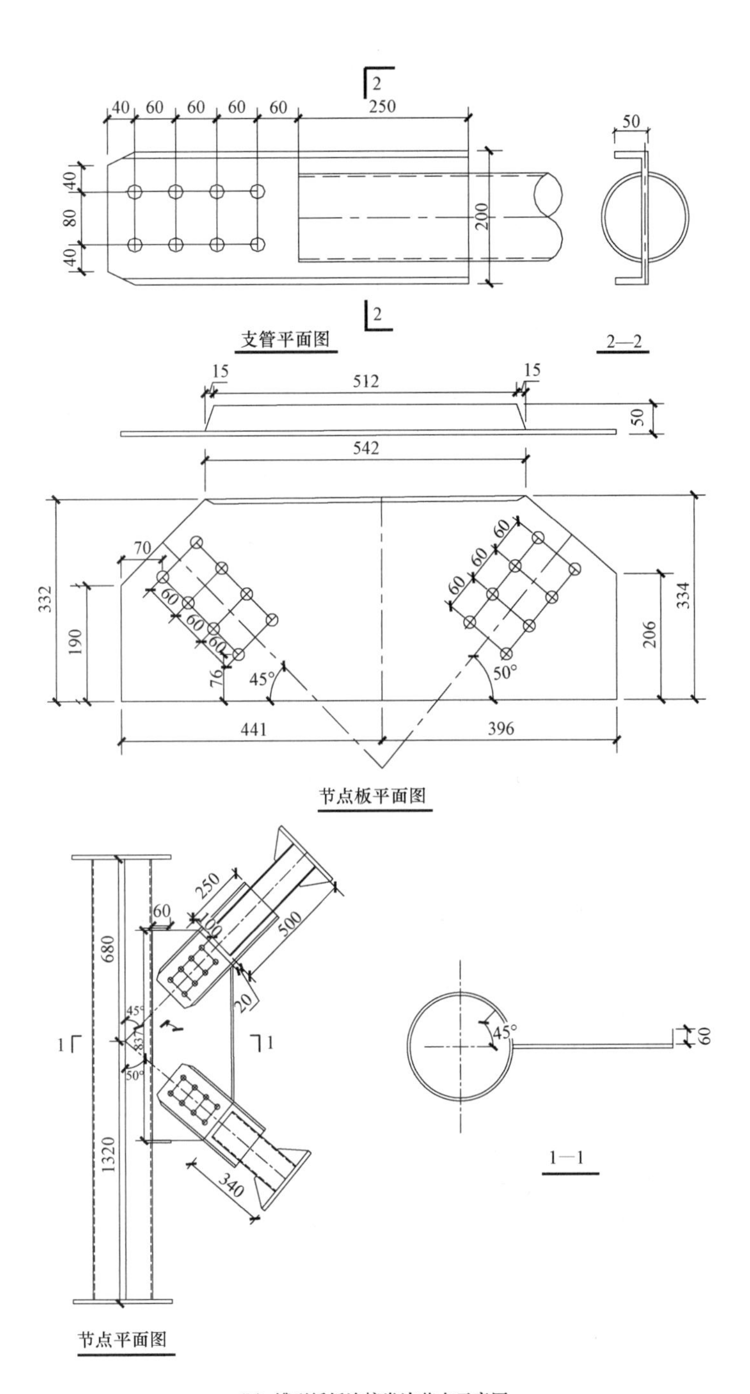

(b) 槽型插板连接卷边节点示意图

图 2-7　节点构造图（二）

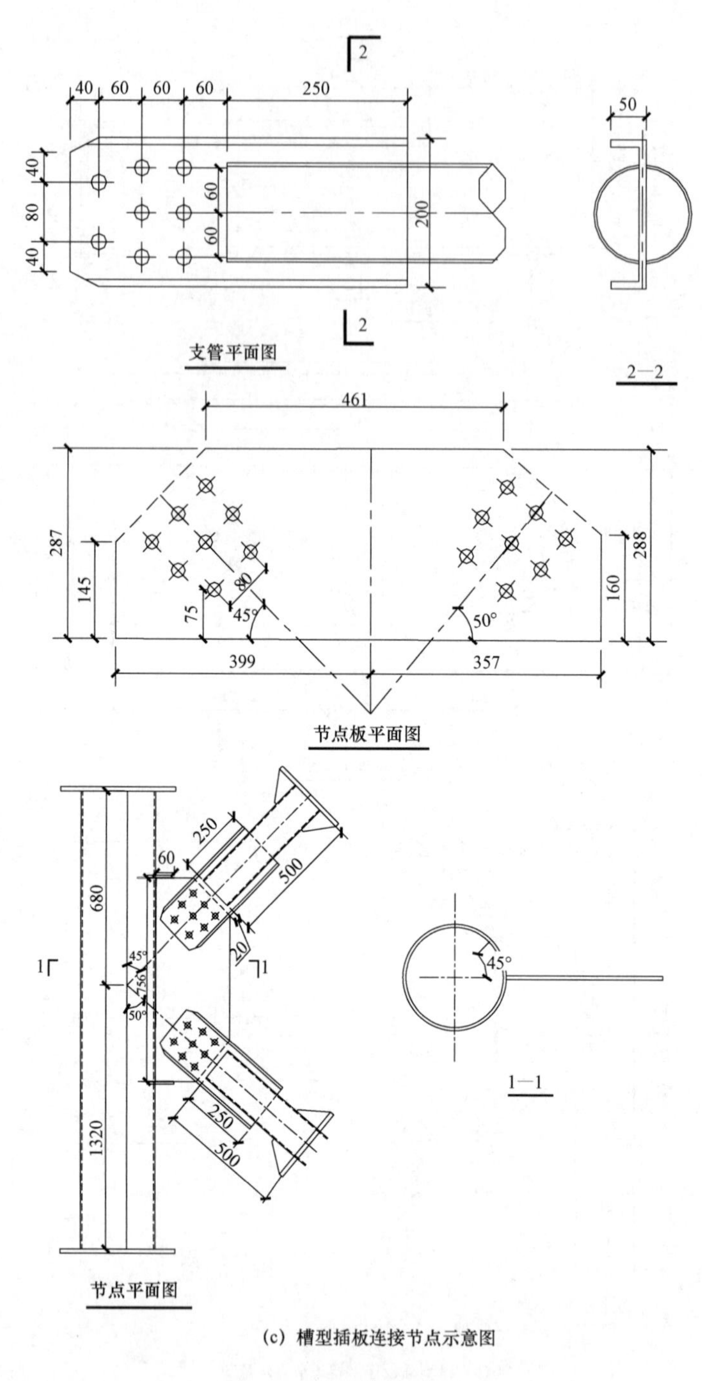

(c) 槽型插板连接节点示意图

图 2-7 节点构造图（三）

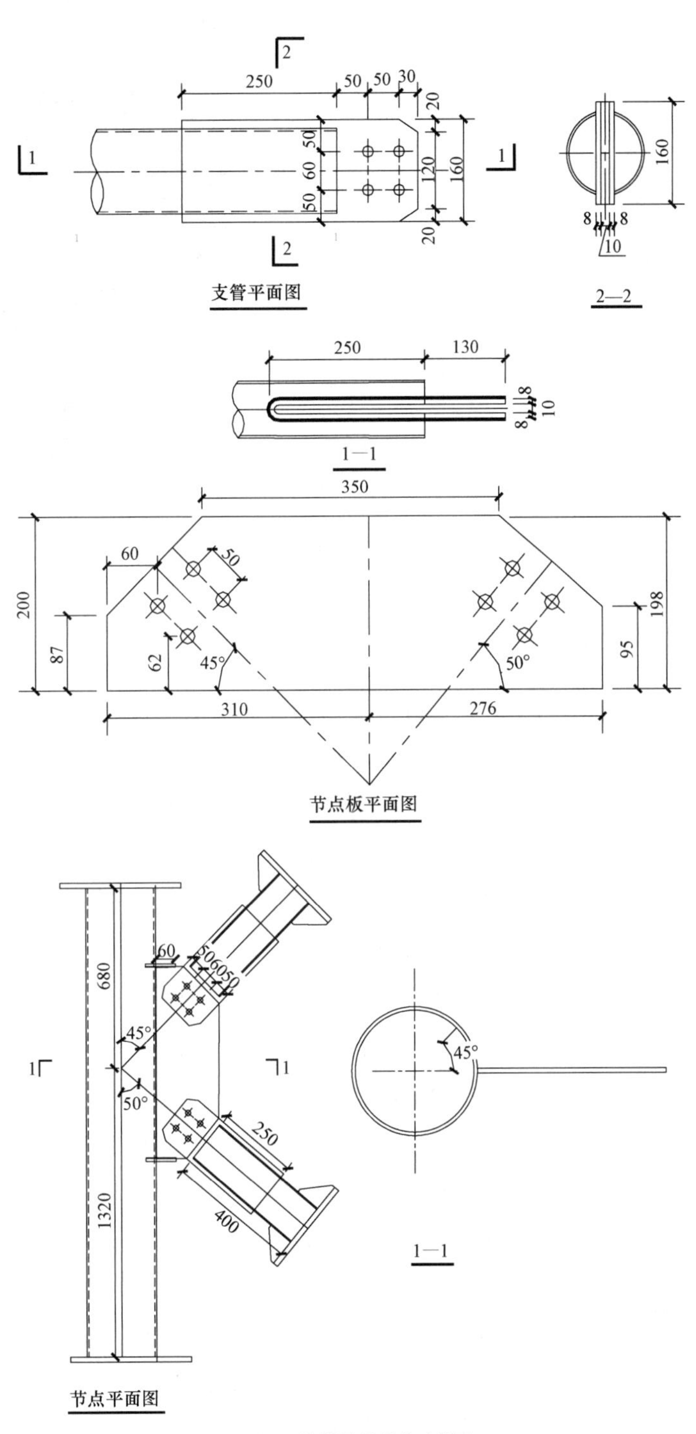

(d) U型插板连接节点示意图

图 2-7　节点构造图（四）

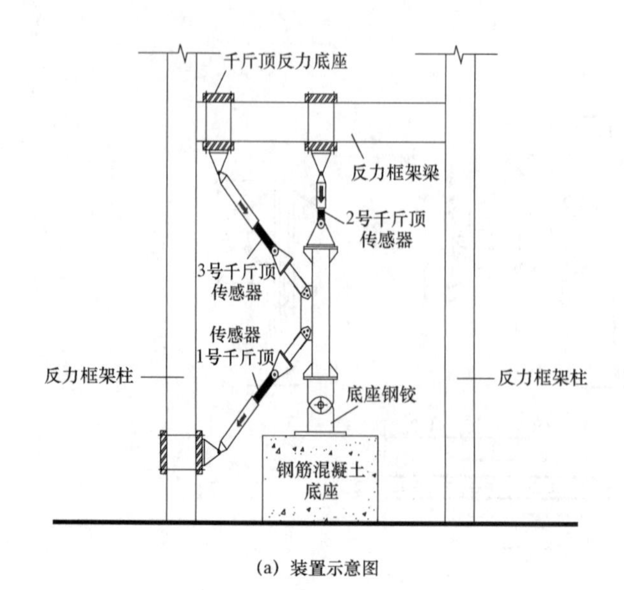

(a) 装置示意图

(b) 现场试验加载装置图

图 2-8 K 型节点承载力试验装置图

2.2.4 主要试验结果

节点板失稳破坏的形态呈三折线趋势，这与钢结构规范中的桁架节点板在斜腹杆压力作用下的失稳情况类似。节点板失稳区域划分如图 2-9 所示。

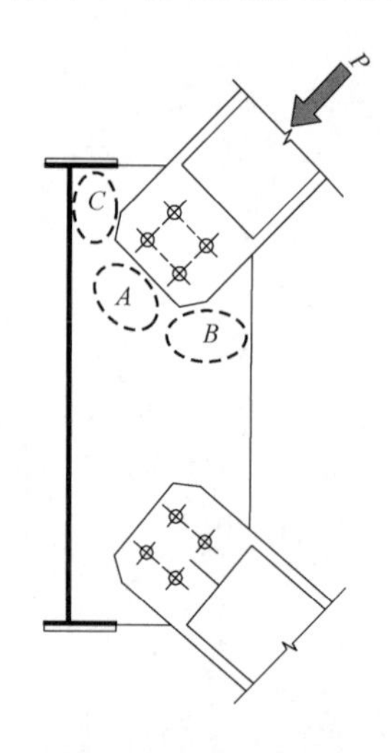

图 2-9 节点板失稳区域划分图

根据试验现象，节点板失稳时 A 区首先进入塑性阶段，当外力逐渐增大时，A 区的塑性变形不断发展并向邻近区域扩展，B 区是节点板较先失稳的部位。而在插板板尖一侧的板域（C 区）由于有加强环板的固定，其板面外的变形受到牵制，因此 C 区的板件平面外变形小。在节点板平面外失稳的过程中，节点板除了受平面内的轴力还受到平面外的附加弯矩，加剧了节点板失稳进程，此时节点板发生较大的变形，并在很短的时间内失去承载力能力，继而遭到破坏。节点板失稳时支管上的轴心受压变成了偏心受压，会导致支管发生破坏。由于槽型插板与节点板偏心连接，随着支管荷载的增加，其偏心的影响越明显。与槽型插板连接不同的是，U 型插板连接使得节点板受到轴心受压。在加载初期，节点板处于弹性阶段，其平面外位移值与荷载近似为线性关系。当荷载增加到一定数值时，节点板平面外位移增加明显加快，而这一阶段荷载只有微量增长。之后板面外位移迅速增加，荷载随之下降，节点板发生面外失稳，从而丧失承载力。各测点在加载后期位移值增长加快，但荷载值并未减小，表明节点板在杆件端部及其附近区域的塑性区并未完全发展，节点板内力重分布，直至塑性区向两自由边扩展形成全塑性区，此时节点板位移发展迅速，各受压区域达到其极限承载能力而失稳破坏。其破坏模式为先 A 区破坏后带动 B、C 区塑性变形增大而产生平面外的变形，在节点板发生破坏时，与节点板连接处 U 型插板发生屈服，此时节点板的极限承载力主要是由材料强度控制（即节点板破坏趋近于强度破坏）。在节点板中部加肋或卷边，对紧邻 B 区的自由边起到了很好的约束作用，大大的减缓了节点板失稳速率，提高了节点承载力，因此不易发生失稳破坏，但这样会导致其他薄弱环节发生破坏。构件破坏形态如图 2 - 10 所示。

(a) C1S构件破坏形态

(b) C2S构件破坏形态

(c) C3S构件破坏形态

(d) C4S构件破坏形态

(e) U586构件破坏形态

图 2 - 10　构件破坏形态图

荷载—变形曲线如图 2 - 11 所示，分别列出了试验部分构件 2 号位移计所测得的荷载与节点板平面外位移的关系曲线和 A 区域的荷载—应变曲线。从荷载—位移曲线可以看出节点板处于失稳破坏模式，在荷载逐渐增大的过程中，节点板的平面外位移逐渐增大，表明了节点板的破坏性质为板平面外的失稳破坏。

通过对试验结果的分析可以发现，无支边长度、节点板中部加肋和自由边卷边对节点板的承载力有一定的影响；U型和槽型插板连接对节点板承载力和破坏形态影响较小。

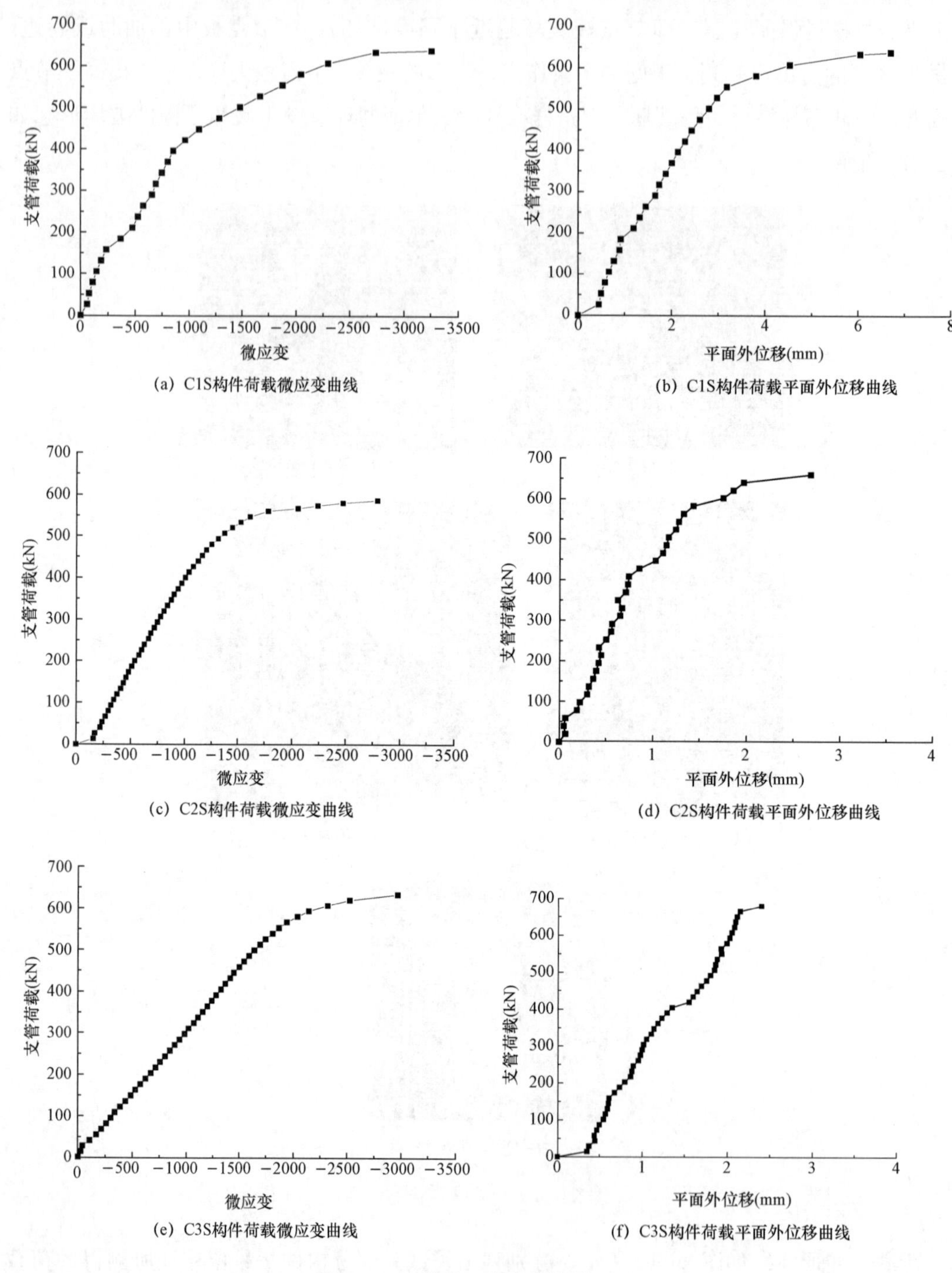

(a) C1S构件荷载微应变曲线

(b) C1S构件荷载平面外位移曲线

(c) C2S构件荷载微应变曲线

(d) C2S构件荷载平面外位移曲线

(e) C3S构件荷载微应变曲线

(f) C3S构件荷载平面外位移曲线

图2-11 荷载—变形曲线图（一）

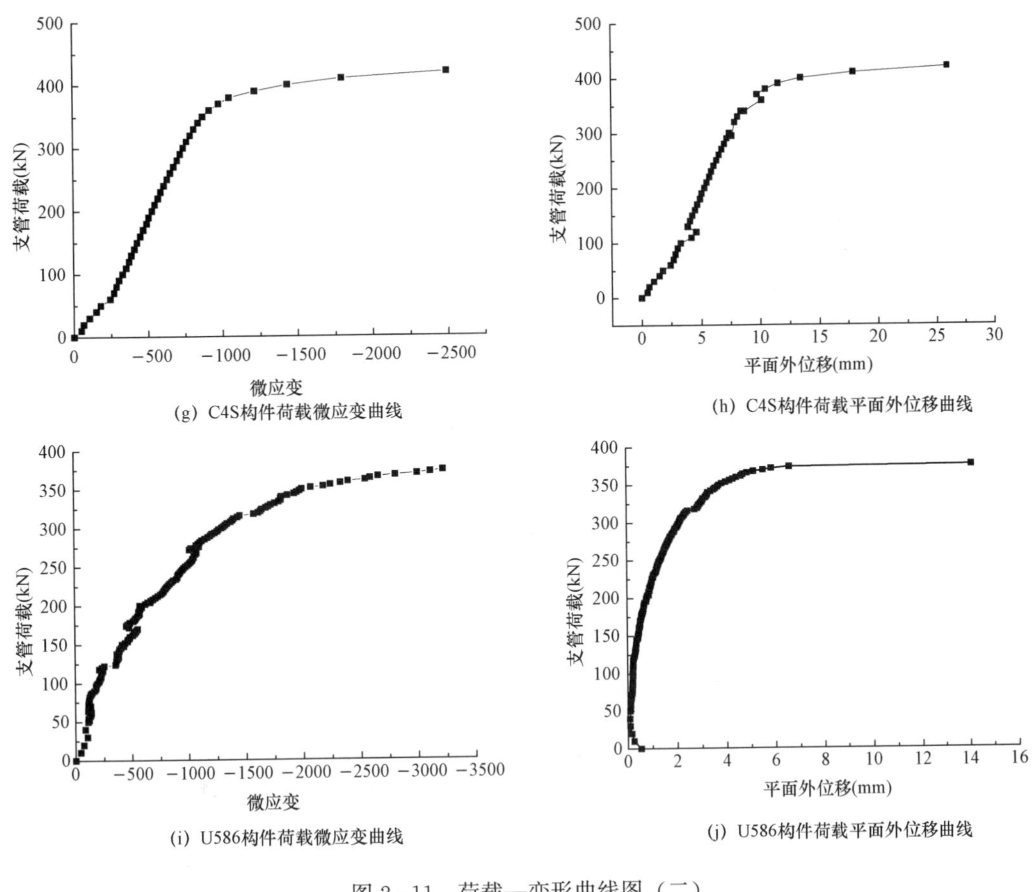

(g) C4S构件荷载微应变曲线

(h) C4S构件荷载平面外位移曲线

(i) U586构件荷载微应变曲线

(j) U586构件荷载平面外位移曲线

图 2-11　荷载—变形曲线图（二）

2.3　负偏心对钢管—插板连接 K 型节点承载力的影响试验

2.3.1　概述

当前，钢管塔构造中斜材轴心线均交于主材轴心线，这往往造成节点板尺寸很大。节点连接负偏心可以减小节点板尺寸，减小迎风面积。然而，在目前的设计中，由于其复杂的受力形式，插板连接的极限承载力建议公式是仅仅适用于有限的情况。许多学者提出的建议公式都是针对无偏心的情况。Kurobane 通过试验研究了在轴力和弯矩作用下 T 型和 X 型节点的极限承载力；Wardenier 和 Packer 针对单插板和双插板连接提出了建议公式；Makino 和 Choo 等确立了圆钢管与插板连接在简单荷载作用下的试验结果和数值分析结果的数据库。但他们都没有考虑主管和支管上荷载的联合作用效应以及偏心对极限承载力的影响。Woo - Bum Kim 等对无环形加强板情况下偏心对极限承载力的影响进行了初步研究。为了弄清楚负偏心对 K 型节点承载力的影响，本书通过试验及有限元对负偏心对钢管塔节点承载力的影响进行了研究，并根据试验结果和有限元分析结果提出了建议公式。

2.3.2 试验模型设计

选取工程中常见的K型节点进行试验，试件负偏心节点示意如图2-12所示，主管规格为ϕ 219×6，支管规格为ϕ 133×4，受压支管与主管夹角取45°，受拉主管与主管夹角取50°，材料均为Q345直缝焊管，节点负偏心试验偏心率取$D/4$、$3D/8$，节间长度取4.25m，每组3件，试验样本见表2-5。

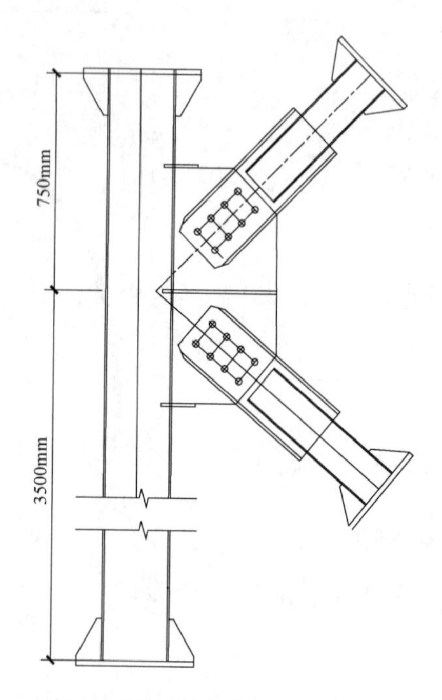

图2-12 试件负偏心节点示意图

表2-5 试验样本

试件	连形形式	节点板长度(mm)	主管规格(mm)	支管规格(mm)	插板厚度(mm)	节点板厚(mm)	负偏心距(mm)	试件数量
C1PC	]型	733	219×6	133×4	10	12	$D/4$	3
C2PC	]型	686	219×6	133×4	10	12	$3D/8$	3
U3PC	U型	486	219×6	133×4	8	16	$D/4$	3
SZ×4	十字型	528	219×6	133×4	10	10	$D/4$	3

2.3.3 试验装置及加载

试验装置示意如图2-13所示，试件底部置于底座钢铰上，其余杆件端部连于千斤顶上。试验加载为单向加载，主管与支管按表2-6加载方案同步加载，支管承载力加到一定力值后保持不变，主管递增至破坏，每级加载后停顿 1min 后继续加载，直到试件破坏无法再加载为止。

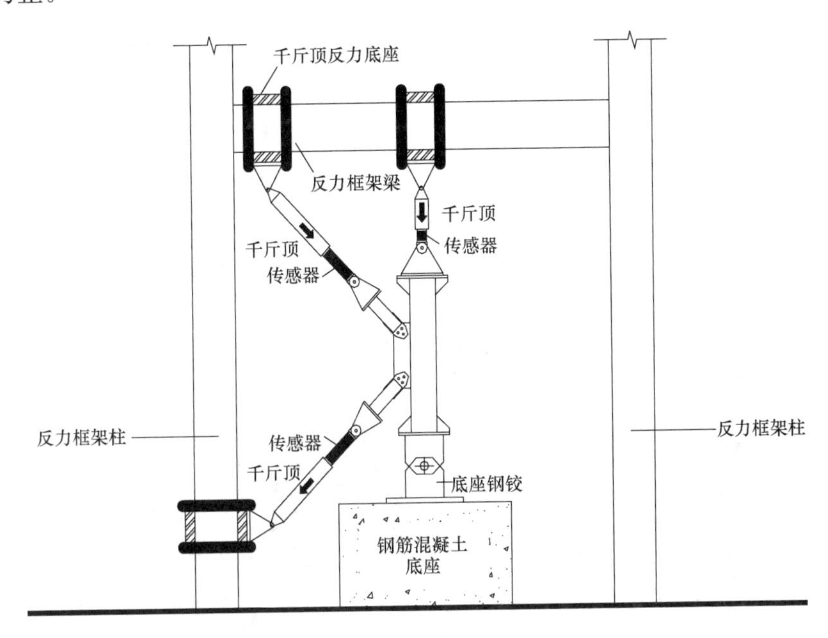

图 2-13　试验装置示意图

表 2-6　　试 验 加 载 方 案

加载步	1 号千斤顶拉力（支管拉力）(kN) 3 号千斤顶压力（支管压力）(kN)	2 号千斤顶压力（主管轴力）(kN)
1	20	40
⇩	每级荷载增量为 20kN	每级荷载增量为 40kN
10	200	400
⇩	每级荷载增量为 10kN	每级荷载增量为 20kN
20	300	600
⇩	每级荷载增量为 5kN	每级荷载增量为 5kN
30	350	650
⇩	到 400kN 停止加载	每级荷载增量为 5kN 直至破坏

2.3.4　主要试验结果

基于负偏心的 K 型节点破坏形态，本次试验采用支管和主管同时加载到定值后，支管荷载不变，再对主管继续加载直到节点破坏为止。主管轴力和支管力采取按照表 2-6 的方式加载。在对主管和支管加载的过程中，主管出现了弯曲现象，不过弯曲挠度并不明显，此时主管还能承受一定的荷载，继续增大主管荷载直至主管出现明显的挠曲，此时主管的力无法维持继续增大的趋势，主管宣告破坏。破坏的形式主要有以下两种：

(1) 主管发生平面内整体失稳而无局部屈曲现象发生。这种失稳现象主要出现在C1PC试件。由于支管作用荷载比较小且负偏心距小，附加弯矩对主管的作用效应比较小。此时对主管继续加载，导致主管在平面内发生整体失稳，而无局部屈曲现象发生，如图2-14 (a) 所示。

(2) 主管发生平面内整体失稳同时伴随有局部屈曲现象发生。当支管作用荷载比较大或节点负偏心距较大时，节点的附加弯矩较大，附加弯矩对主管整体的作用小于对主管管壁的作用，随着主管轴力的继续增加，主管将发生平面内整体失稳同时有局部屈曲现象发生。本次试验大部分节点的破坏模式是属于这种情况。当主管轴力加至主管的临界荷载时，主管突然失稳，导致上支管的压力骤然增大，这种冲击荷载有时导致上支管发生破坏，如图2-14 (b) 所示。

(a) 破坏模式1

(b) 破坏模式2

图2-14 试件破坏模式

为了弄清楚压弯构件在失稳时的应力分布，取主管关键点如图2-15所示，作出主管荷载—应变曲线如图2-16所示，以便确定主管的受力状态和极限承载力，其试验结果见表2-7。

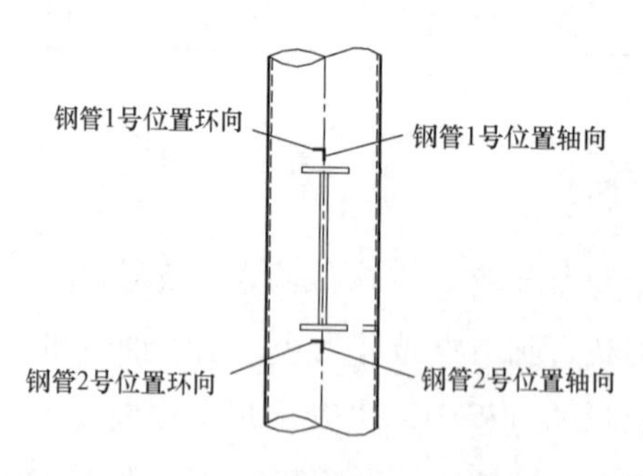

图2-15 主管关键点示意图

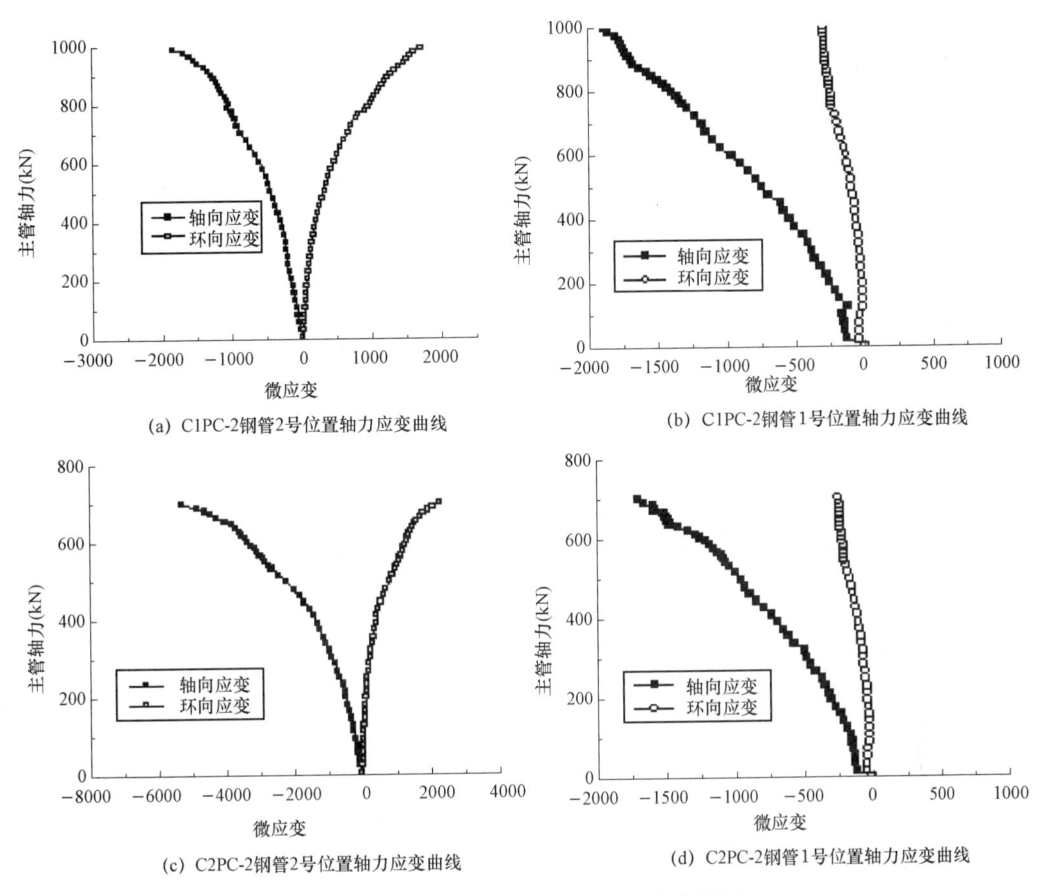

图 2-16 部分构件主管荷载—应变曲线图

表 2-7 试 验 结 果

编号	偏心距	P_V (kN)	P_1 (kN)	P_2 (kN)	主管总作用力 F (kN)	主管长度 (mm)	f_y (MPa)	$f_y \times A$ (kN)
C1PC-1	D/4	1108	150	150	1310	4250	441.76	1773.6
C1PC-2	D/4	960	250	250	1297	4250	441.76	1773.6
C1PC-3	D/4	747	350	350	1219	4250	390.69	1568.6
C2PC-1	3D/8	670	350	350	1142	4250	390.69	1568.6
C2PC-2	3D/8	700	350	350	1172	4250	412.98	1658.1
C2PC-3	3D/8	710	350	350	1182	4250	412.98	1658.1
U3PC-1	D/4	730	300	300	1135	4250	427.95	1718.2
U3PC-2	D/4	745	300	300	1150	4250	427.95	1718.2
U3PC-3	D/4	1380	0	0	1380	4250	412.98	1658.1
SZX4-1	D/4	690	400	400	1230	4250	397.99	1597.9
SZX4-2	D/4	740	400	400	1280	4250	428.92	1722.1
SZX4-3	D/4	720	400	400	1260	4250	428.92	1722.1

注 P_V为主管轴力，P_1、P_2为支管作用力，F为主管轴力+支管力垂直分量，f_y为屈服强度，A为主管截面面积。

试验结果表明，主管发生平面内整体失稳，主要原因在于主管长径比（长径比是指柱形物体长度与直径的比值）较大，属于压弯构件，很容易发生整体失稳。由于主管长径比较大，整体失稳起主要控制作用，负偏心加速了整体失稳，降低了主管的承载能力。因此在主管发生整体失稳破坏模式的情况下，负偏心对主管的承载力是有不利的影响。从图2-16可见，在钢管2号位置处，C2PC-2主管的环向应变和轴向应变都较大，从而可以确定主管在发生整体失稳的过程中有局部屈曲现象发生，局部屈曲往往发生在紧邻节点板下端部的钢管2号位置处，这主要是由于负偏心的作用引起的。由表2-7可见，C1PC-1和C1PC-2在屈服强度 f_y 相同的情况下，支管力增大66.67%，主管的极限承载力减小13.35%；C1PC-3和C2PC-1在支管力相同的情况下，偏心距增大50%，主管的极限承载力减小10.31%。由此可见，在主管发生平面内失稳的情况下，负偏心对主管承载力的影响显著且极为不利。

2.4 钢管—插板连接K型节点半刚性能试验

2.4.1 概述

特高压输电钢管塔结构中，主材通常采用锻造法兰连接，主、斜材之间则绝大多数采用C型插板连接，局部采用X型插板连接。在计算模型的节点处，主材通常为连续构件，可视为连续梁单元，主、斜材插板节点螺栓2～10颗不等，其连接刚度应介于刚接和铰接之间。当前杆塔设计中，通常简单地将钢管塔节点假定为铰接节点，并通过如下两种方式考虑次弯矩效应：①预判可能存在次弯矩的部位，预留安全裕度，这种简化方法比较依赖设计经验，且很难定量判断其安全性；②将主材改用梁单元计算，进行压弯承载力复核，这种方法将忽略了主、斜材节点的刚度对构件内力的影响，也与实际不符。因此，分析输电塔结构主、斜材节点的连接刚度，并定量研究其对构件及结构受力性能、承载能力的影响，对于特高压输电塔结构的安全性具有十分重要的意义。

2.4.2 试验模型设计

以插板厚度/节点板厚度、连接螺栓颗数、剪力加载方向为基本参数，共设计了10组（共20根）试件（鉴于一般构造要求连接板厚度=插板厚度+2mm，故连接板厚度和插板厚度视为同一个联动的影响参数），其中每一组由2根完全相同的试件组成，面内面外各5组即10个试件，以防止试验过程中出现偶然误差。试件示意图如图2-17所示，节点斜管两端均焊接有20mm厚的端板，其中端板对称设置直径为24mm的螺栓孔，加载时与试验装置相连接，以防止试验过程中试件发生倾倒。此外，在钢管构件的两端焊接4块加劲肋，以防止试验过程中构件端部发生局部屈曲。

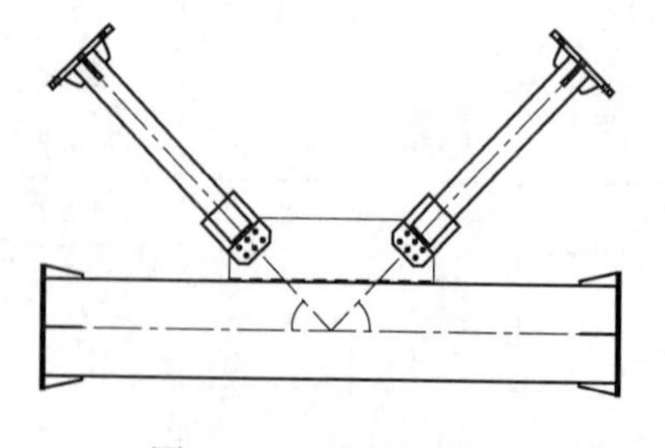

图2-17 试件示意图

钢管及节点板钢材为Q355钢，螺栓为M20的8.8级高强螺栓。考察插板厚度、节点板厚度、螺栓个数、加载方向对节点半刚性的影响。试件编号、试件尺寸等见表2-8。其中，C代表插板厚度，J代表节点板厚度，L代表螺栓颗数，例如，K1（C8J10L6）代表K1节点的插板厚度为8mm，节点板厚度为10mm，螺栓颗数为6颗。

表2-8　试验样本

编号	主材规格	斜材规格	插板、节点板厚	连接螺栓	主斜材夹角	试件数	加载方式
K1（C8J10L6）	$\phi\,480\times10H$	$\phi\,159\times5H$	$-8H$、$10H$	6M20	45°	2	面内
K2（C12J14L6）	$\phi\,480\times10H$	$\phi\,159\times5H$	$-12H$、$14H$	6M20	45°	2	面内
K3（C6J8L6）	$\phi\,480\times10H$	$\phi\,159\times5H$	$-6H$、$8H$	6M20	45°	2	面内
K4（C8J10L9）	$\phi\,480\times10H$	$\phi\,159\times5H$	$-8H$、$10H$	9M20	45°	2	面内
K5（C8J10L3）	$\phi\,480\times10H$	$\phi\,159\times5H$	$-8H$、$10H$	3M20	45°	2	面内
K6（C8J10L6）	$\phi\,480\times10H$	$\phi\,159\times5H$	$-8H$、$10H$	6M20	45°	2	面外
K7（C12J14L6）	$\phi\,480\times10H$	$\phi\,159\times5H$	$-12H$、$14H$	6M20	45°	2	面外
K8（C6J8L6）	$\phi\,480\times10H$	$\phi\,159\times5H$	$-6H$、$8H$	6M20	45°	2	面外
K9（C8J10L9）	$\phi\,480\times10H$	$\phi\,159\times5H$	$-8H$、$10H$	9M20	45°	2	面外
K10（C8J10L3）	$\phi\,480\times10H$	$\phi\,159\times5H$	$-8H$、$10H$	3M20	45°	2	面外

注　H为主材厚度；ϕ为直径。

2.4.3　试验装置及加载

2.4.3.1　面内转动试验装置及加载

试验装置应满足构件在实际工程中的端部约束条件。面内试验装置图如图2-18所示。节点板上布置两个侧点测试节点板左右面外位移（1、2号位移计），两环板间一个测点测量环板间相对位移（3号位移计），斜管共五个位移测点测量斜材插板及斜管位置转角（4、5、6、7、8号位移计），距斜管下边缘距离分别为50、150、240、340、590mm。

节点安装完毕后，先进行预加载，预加载是为了检查所有测试仪器仪表是否正常工作，试件是否精确对中，且能够一定程度上消除加载装置和试件之间的空隙。检查校对无误后，开始正式加载。加载过程分为3步，首先，1号千斤顶沿受压斜材箭头方向施加压力，每级荷载增量为1kN加载至300kN后保持荷载不变；然后，2号千斤顶沿受拉斜材箭头方向施加拉力，每级荷载增量为1kN加载至100kN后保持荷载不变；最后3号千斤顶沿垂直于受压斜材方向以每级荷载增量为0.1kN加载至节点破坏。一般在0～50%极限荷载时，节点以弹性变形为主，弹性变形后逐级加载至试件破坏无法加载为止。两肢钢管端部及千斤顶加载端均设有端板，以方便准确传力，受拉肢千斤顶两端均为铰接。

按要求，节点所受的轴力大小远大于弯矩，因而如何消除轴力由于P-Δ效应产生的附加弯矩的影响是试验方案设计的难点。为此，一方面，需要使试件杆件不与节点相连的一端为自由端，由于反力框架沿着节点转动方向为铰接，试验过程中杆端千斤顶随着节点转动而转动，从而保证轴力作用始终沿着杆件轴线方向，从而不会对节点产生附加弯矩。另一方面，通过在受压杆件上施加垂直于轴线压力方向的剪力，可以使节点受到弯矩作用，用结构力学理论可计算出节点弯矩（本书将节点域螺栓群形心弯矩作为节点弯矩）。轴向力通过穿心千斤顶加载。考虑试验实际情况，为充分利用现有设备和减小偏心的影响，通过 3 个千斤顶分步加载，对杆件施加拉压力，千斤顶与传感器通过端板与杆件连接。

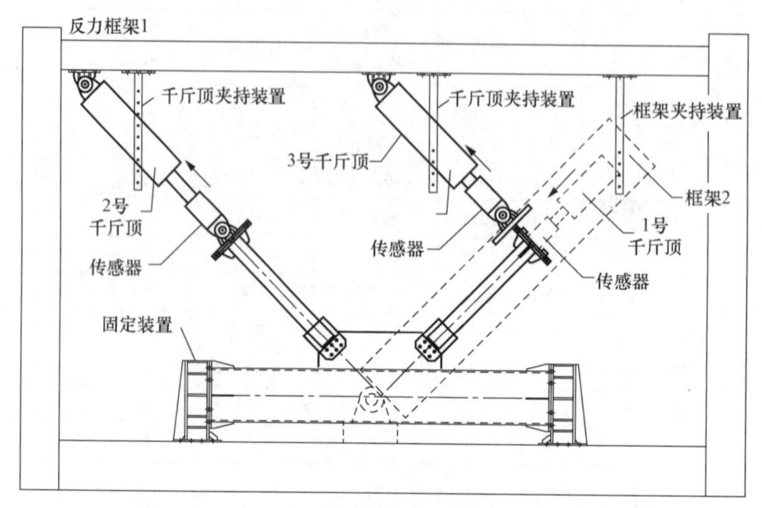

(a) 试验装置示意图

(b) 现场装置图

图 2-18　面内试验装置图

2.4.3.2　面外试验装置及加载方案

面外试验装置的设计与面内类似，仅将框架的方向改为与构件同平面，将测量面内位移的位移计移向面外与剪力同平面，测量在面外剪力作用下受压支管各点的位移。其次，取消面内剪力的加载点，在框架中添加一竖向柱与框架相连，放置施加面外剪力的千斤顶，从而达到测量面外弯矩—转角曲线的目的，试验装置如图 2-19（a）和（b）所示。

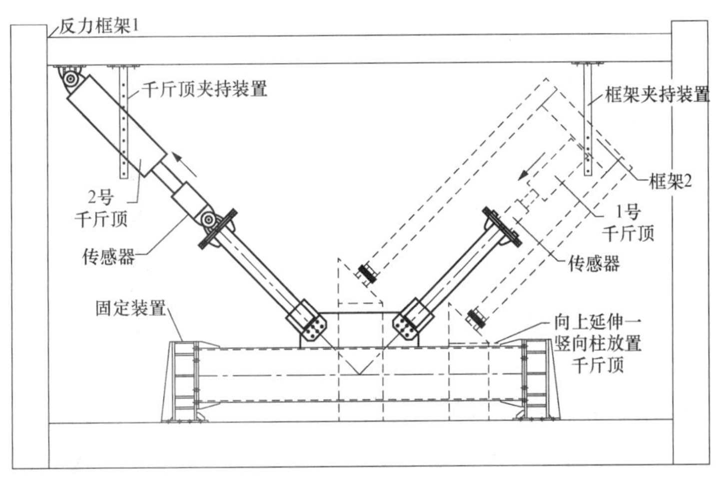

(a) 试验装置示意图

(b) 现场装置图

(c) 反力框架图

(d) 铰支座图

图2-19　面外试验装置图

加载方案与面内类似，仅剪力施加方向更改为面外。节点安装完毕后，先进行预加载，预加载是为了检查所有测试仪器仪表是否正常工作，试件是否精确对中，且能够一定程度上消除加载装置和试件之间的空隙。检查校对无误后，开始正式加载。加载过程分为3步，首先，1号千斤顶沿受压斜材箭头方向施加压力，每级荷载增量为1kN加载至50kN后保持荷载不变；然后，2号千斤顶沿受拉斜材箭头方向施加拉力，每级荷载增量为1kN加载至100kN后保持荷载不变；最后3号千斤顶沿垂直于受压斜材方向以每级荷载增量为0.1kN加载至节点破坏。一般在0～50%极限荷载时，节点以弹性变形为主，弹性变形后逐级加载至试件破坏无法加载为止。两肢钢管端部及千斤顶加载端均设有端板，以方便准确传力，受拉肢千斤顶两端均为铰接。

通过在主管上方搭建施加轴力的反力框架，使该反力框架沿着节点转动方向为铰接，试验过程中杆端千斤顶随着节点转动而转动，从而保证轴力作用始终沿着杆件轴线方向，不会对节点产生附加弯矩。反力框架和铰支座如图2-19（c）和（d）所示。

2.4.4 主要试验结果

试验在相关测点布置位移计，如图2-20所示。节点板上两个侧点测试节点板左右面外位移（1、2号位移计），两环板间一个测点测量环板间相对位移（3号位移计），由于节点域处变形主要由受剪肢的剪切变形引起，试验时在斜材受剪肢内侧布置位移计（4、5、6、7、8号位移计）用于测量斜材钢管及插板的转角。由前期的计算分析可知，节点的剪切变形集中在螺孔群分布范围，靠近斜管插板及主钢管节点板，故将4、5、6、7、8号位移计布置斜管偏下的位置，距斜管下边缘距离分别为50、150、240、340、590mm用来测量整个节点的转角。各位移计的标定结果见表2-9。

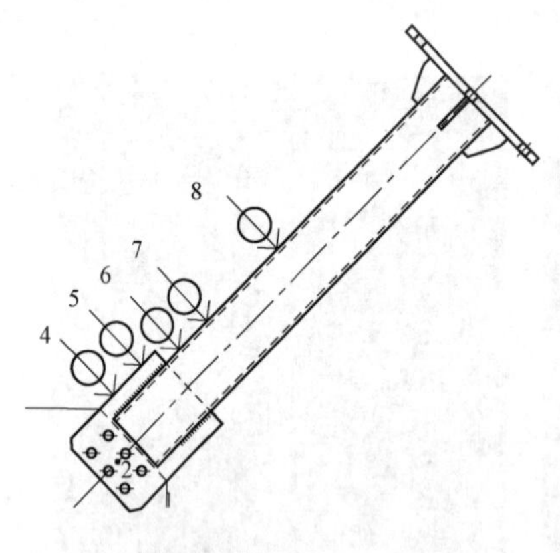

(a) 面内位移计布置

(b) 面外位移计布置(仅将位移计位置调整至面外)

图2-20 位移计布置

表 2-9　　位移计的标定结果

表号	1号位移计	2号位移计	3号位移计	4号位移计	5号位移计	6号位移计	7号位移计	8号位移计
标定系数（mV/mm）	0.185	0.16	0.18	0.393	0.19	0.19	0.095	0.097

1、2号位移计测量的是主材节点板在与斜材插板连接位置处的面外位移，3号位移计测量的是主材两环板之间的相对位移，4～8号位移计测量的是受剪肢上5个点在沿着剪力方向上所产生的位移。假设螺栓群形心为节点受剪肢的转动中心，按照如下方式将位移换算为转角。

由于4～8号位移计所测得的是受剪肢上5个点在沿着剪力方向上所产生的位移，需要将位移转化为转角。通过转化，可得节点弯矩转角计算方法如下：

$$\theta_1 = \frac{w_5 - w_4}{d_1} \tag{2-1}$$

$$\theta_2 = \frac{w_7 - w_6}{d_2} \tag{2-2}$$

$$\theta_3 = \frac{w_8 - w_7}{d_3} \tag{2-3}$$

$$M = Fl \tag{2-4}$$

式中　θ_1、θ_2、θ_3——受剪肢3个位置的转角；

w_4、w_5、w_6、w_7、w_8——受剪肢上5个点在沿着剪力方向上所产生的位移；

F——剪力的大小；

d_1、d_2、d_3——w_4 和 w_5、w_6 和 w_7、w_7 和 w_8 之间的距离；

l——螺栓群形心，即节点受剪肢的转动中心到剪力作用点之间的距离。所有数值均取绝对值。

面外布置方式相同，仅将斜材上5个位移计测量位置放到面外与剪力同平面上，故节点转角计算方式同上。

K1（C8J10L6）组节点（K1-1、K1-2）：主材节点板厚度10mm，斜材C型插板厚度8mm，螺栓为8.8级高强螺栓，共6颗。整个节点的转动由斜材在节点域的剪切变形及转动为主。根据节点各阶段变形可知，在加载初期，节点处于弹性状态，斜材沿弯矩方向转动，在节点域沿弯矩方向有剪切变形，节点呈转动状态。随着荷载的增大，主材节点板和斜材C型插板的螺孔因挤压而产生变形，同时螺栓也因剪切力产生较大的剪切变形，螺孔和螺栓逐渐进入塑性变形状态。当节点即将发生破坏时，主材节点板和斜材C型插板的螺栓孔都出现了较大的挤压变形，部分螺孔已成椭圆形，螺栓也产生明显的剪切变形，弯矩—转角曲线刚度较加载初期有所降低。最终螺栓突然被剪断飞出，节点破坏，节点破坏如图2-21～图2-24所示。

(a) 破坏前

(b) 破坏后

图 2-21 K1 组节点破坏区域变形

(a) 破坏前

(b) 破坏后

图 2-22 K1 组斜材 C 型插板螺栓孔变形

(a) 破坏前

(b) 破坏后

图 2-23 K1 组主材节点板螺孔变形

(a) 破坏后节点板右侧俯视图变形

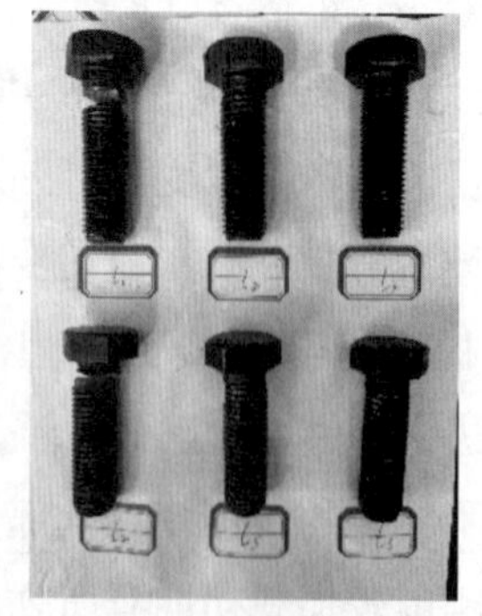
(b) 破坏后螺栓变形

图 2-24 K1 组节点板与螺栓变形

K1（C8J10L6）组节点测点数据和弯矩—转角曲线如图 2-25 所示。图 2-25（a）和（b）分别为 K1-1、K1-2 的 1～8 号位移计所测位移值。图 2-25（c）和（d）分别为 K1-1、K1-2 受剪肢斜材 C 型插板位置处的弯矩—转角曲线以及斜材钢管位置处的弯矩—转角曲线。在节点加载初期，弯矩转角曲线接近于线性增长，节点刚度趋于稳定，而在节点加载后期，节点域塑性变形产生，节点刚度逐渐减小，K1-1、K1-2 斜材钢管 C 型插板部分的初始转动刚度分别约为 13 042kN·m/rad、12 694kN·m/rad。

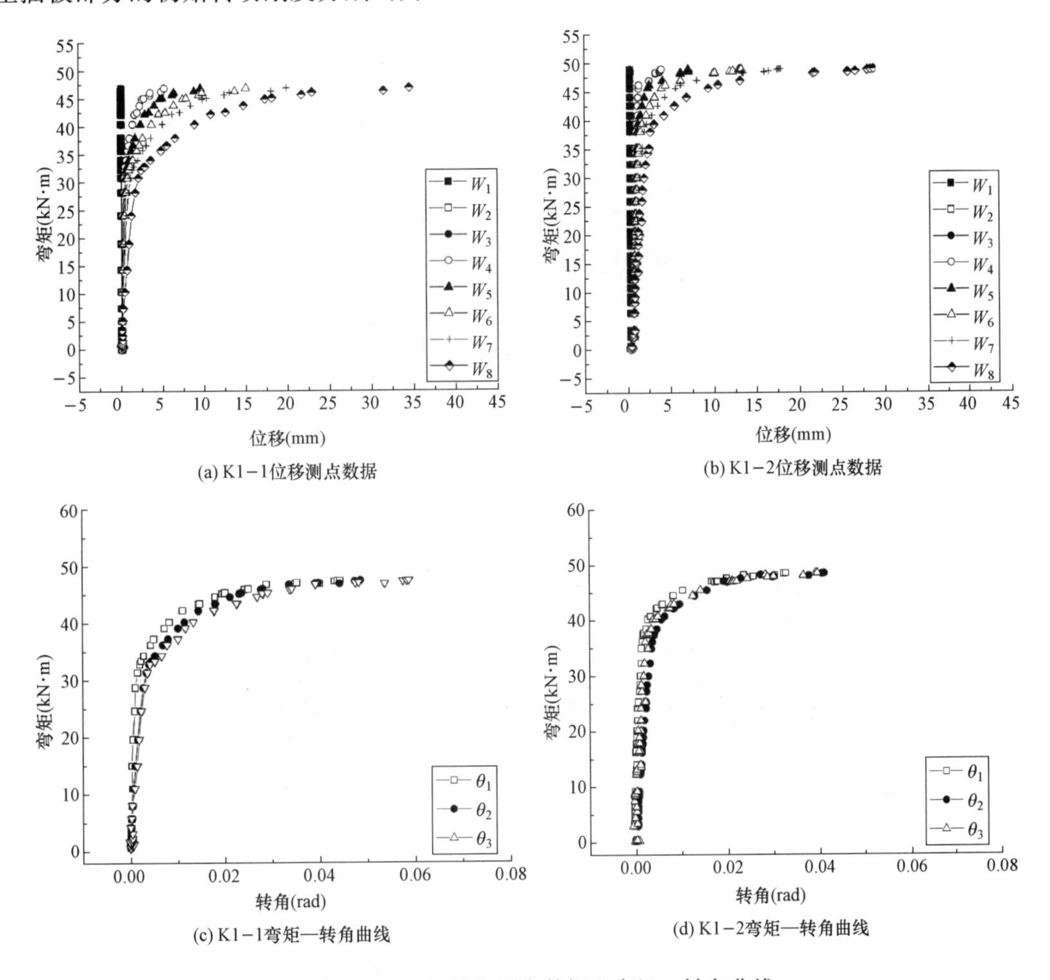

(a) K1-1位移测点数据　(b) K1-2位移测点数据

(c) K1-1弯矩—转角曲线　(d) K1-2弯矩—转角曲线

图 2-25　K1 组节点测点数据和弯矩—转角曲线

K2（C12J14L6）组节点（K2-1、K2-2）：主材节点板厚度 14mm，斜材 C 型插板厚度 12mm，8.8 级高强螺栓，螺栓共 6 颗。整个节点的转动由斜材在节点域的剪切变形转动为主。节点各阶段变形与 K1 组相似，当节点即将发生破坏时，主材节点板和斜材 C 型插板的螺栓孔都出现了较大的挤压变形，部分螺孔已成椭圆形，螺栓也产生明显的剪切变形，弯矩—转角曲线刚度较加载初期有所降低。最终螺栓突然被剪断飞出，节点破坏，节点破坏如图 2-26～图 2-29 所示。

(a) 破坏前

(b) 破坏后

图 2-26 K2 组节点破坏区域变形

(a) 破坏前

(b) 破坏后

图 2-27 K2 组斜材 C 型插板螺栓孔变形

(a) 破坏前

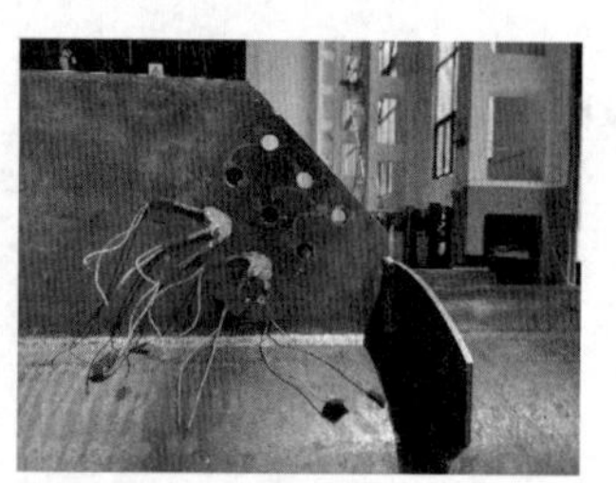

(b) 破坏后

图 2-28 K2 组主材节点板螺孔变形

(a) 破坏后节点板右侧俯视图变形

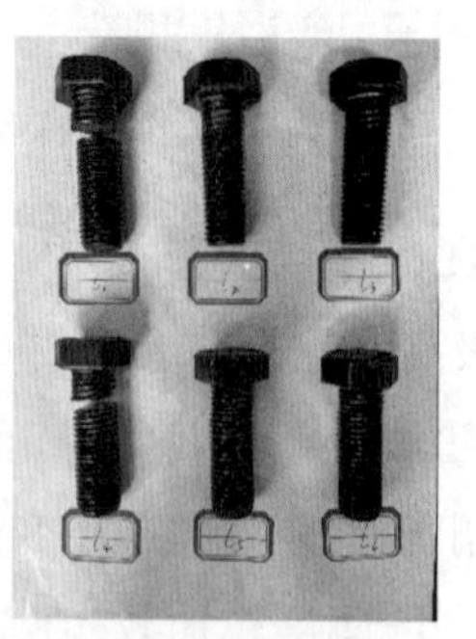

(b) 破坏后螺栓变形

图 2-29 K2 组节点板与螺栓变形

K2（C12J14L6）组节点测点数据和弯矩—转角曲线如图 2-30 所示。图 2-30（a）和（b）分别为位移计 1～8 所测位移值。图 2-30（c）和（d）分别为斜材 C 型插板的弯矩—转角曲线以及斜材钢管的弯矩—转角曲线。在节点加载初期，弯矩转角曲线接近于线性增长，节点刚度趋于稳定，而在节点加载后期，节点域塑性变形产生，节点刚度逐渐减小，斜材钢管 C 型插板部分的初始转动刚度分别约为 16 047kN・m/rad、20 645kN・m/rad。

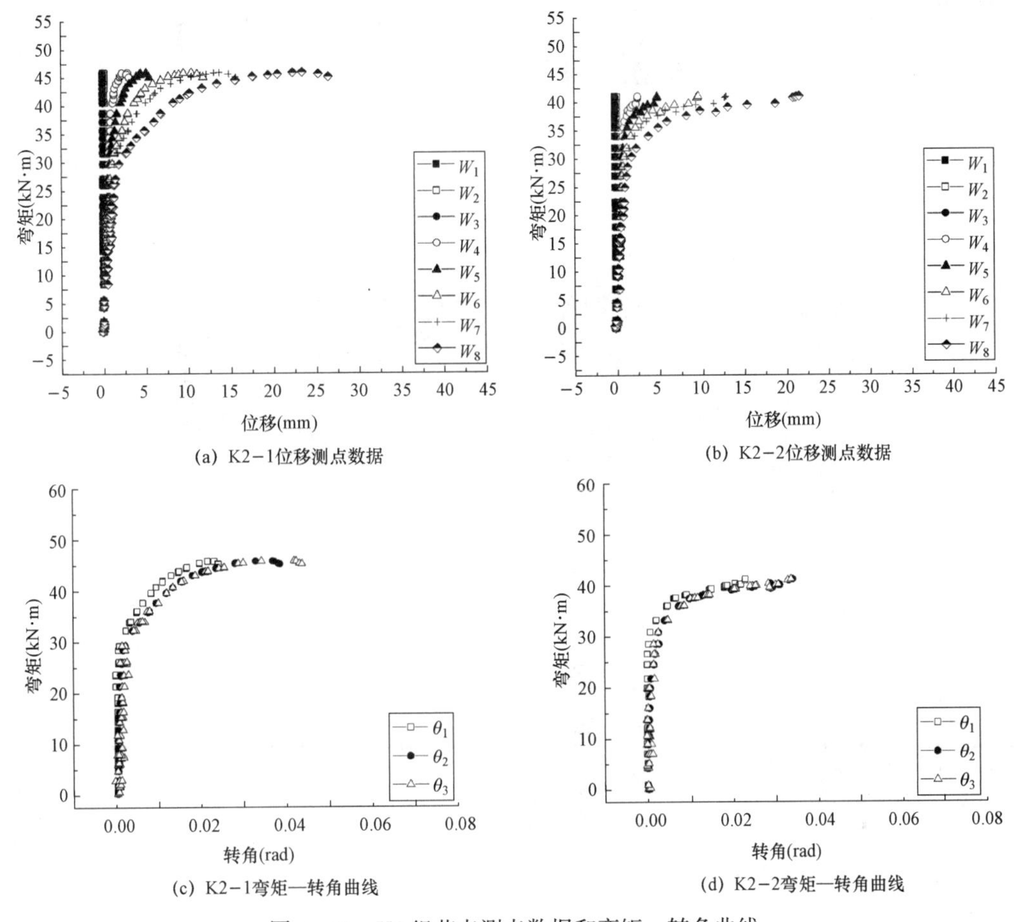

图 2-30　K2 组节点测点数据和弯矩—转角曲线

K3（C6J8L6）组节点（K3-1、K3-2）：主材节点板厚度 8mm，斜材 C 型插板厚度 6mm，8.8 级高强螺栓，间距 60mm 的螺栓共 6 颗。整个节点的转动由斜材在节点域的剪切变形转动为主。节点各阶段变形与 K1 组相似，但由于节点板和插板厚度均减小，节点域整体刚度变小，在受压斜材受到压力时，斜材插板部分向外拱出，节点板也产生较明显的面外位移。在后续施加剪力过程中，与前两组节点各阶段变形相似，当节点即将发生破坏时，主材节点板和斜材 C 型插板的螺栓孔都出现了较大的挤压变形，部分螺孔已成椭圆形，螺栓也产生明显的剪切变形，弯矩—转角曲线刚度较加载初期有所降低。但最终的破坏形式为节点板和插板区域出现大变形后达到剪力最大值，螺栓出现变形但未剪断，节点破坏如图 2-31～图 2-34 所示。

(a) 破坏前

(b) 破坏后

图 2-31 K3 组节点破坏区域变形

(a) 破坏前

(b) 破坏后

图 2-32 K3 组斜材 C 型插板螺栓孔变形

(a) 破坏前

(b) 破坏后

图 2-33 K3 组主材节点板螺孔变形

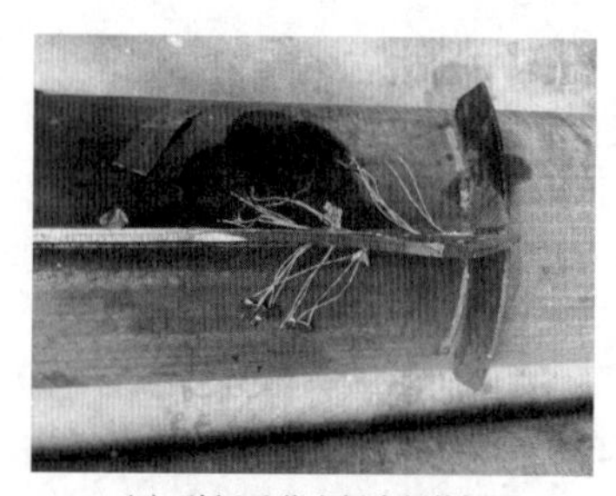
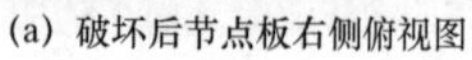
(a) 破坏后节点板右侧俯视图

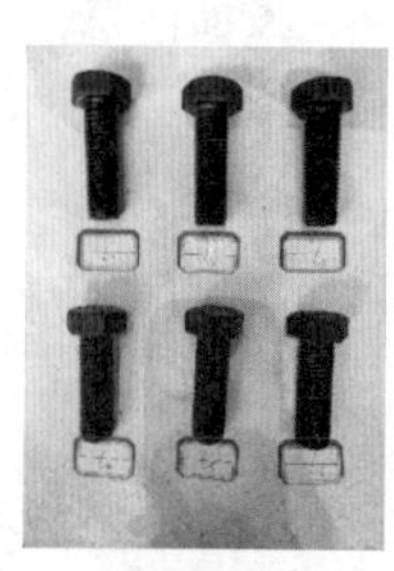
(b) 破坏后螺栓变形

图 2-34 K3 组节点板与螺栓变形

K3（C6J8L6）组节点测点数据和弯矩—转角曲线如图 2-35 所示。图 2-35（a）和（b）分别为 1～8 号位移计所测位移值。图 2-35（c）和（d）分别为斜材 C 型插板的弯矩—转角曲线以及斜材钢管的弯矩—转角曲线。K3（C6J8L6）节点极限弯矩为 74kN·m。在节点加载初期，弯矩转角曲线接近于线性增长，节点刚度趋于稳定，而在节点加载后期，节点域塑性变形产生，节点刚度逐渐减小，斜材钢管 C 型插板部分的初始转动刚度分别约为 6611kN·m/rad、9385kN·m/rad。

K4（C8J10L9）组节点（K4-1、K4-2）：主材节点板厚度 10mm，斜材 C 型插板厚度 8mm，8.8 级高强螺栓，间距 60mm 的螺栓共 9 颗。整个节点的转动由斜材在节点域的剪切变形转动为主。节点各阶段变形与 K1 组相似。但由于螺栓数量的增加，节点域约束刚度增强，节点域屈服产生无法恢复的塑性变形，且节点板产生明显面外位移，最终的破坏形式与 K3 组节点类似，为节点板和插板区域出现大变形，螺栓出现变形但未剪断。节点破坏如图 2-36～图 2-39 所示。

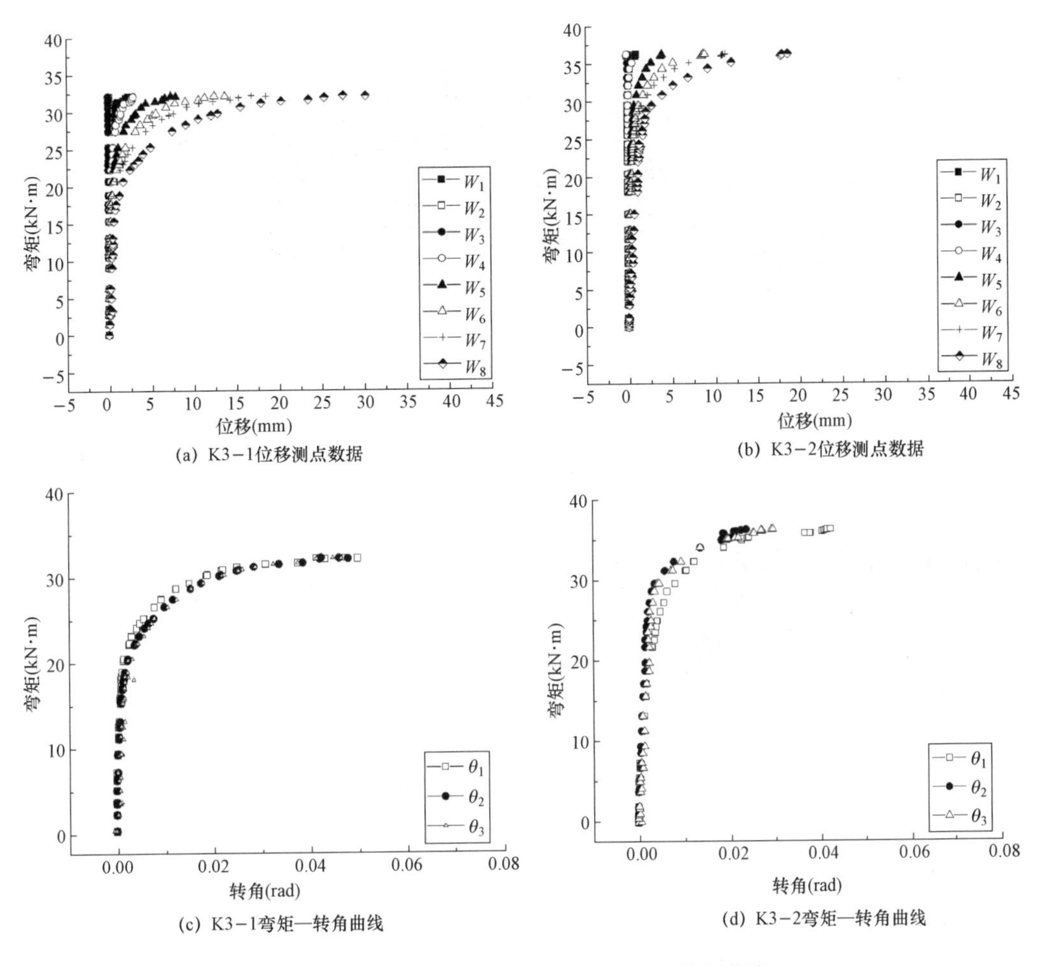

(a) K3−1位移测点数据　(b) K3−2位移测点数据

(c) K3−1弯矩—转角曲线　(d) K3−2弯矩—转角曲线

图 2-35　K3 组节点测点数据和弯矩—转角曲线

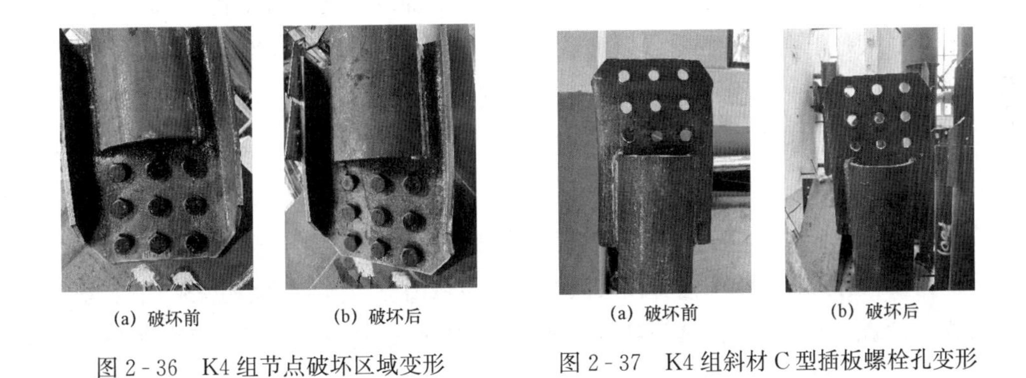

(a) 破坏前　(b) 破坏后

图 2-36　K4 组节点破坏区域变形

(a) 破坏前　(b) 破坏后

图 2-37　K4 组斜材 C 型插板螺栓孔变形

K4（C8J10L9）组节点测点数据和弯矩—转角曲线如图 2-40 所示。图 2-40（a）和（b）分别为 1～8 号位移计所测位移值。图 2-40（c）和（d）分别为斜材 C 型插板的弯矩—转角曲线以及斜材钢管的弯矩—转角曲线。在节点加载初期，弯矩转角曲线接近于线性增长，节点刚度趋于稳定，而在节点加载后期，节点域塑性变形产生，节点刚度

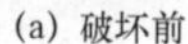

(a) 破坏前

(b) 破坏后

图 2-38　K4 组主材节点板螺孔变形

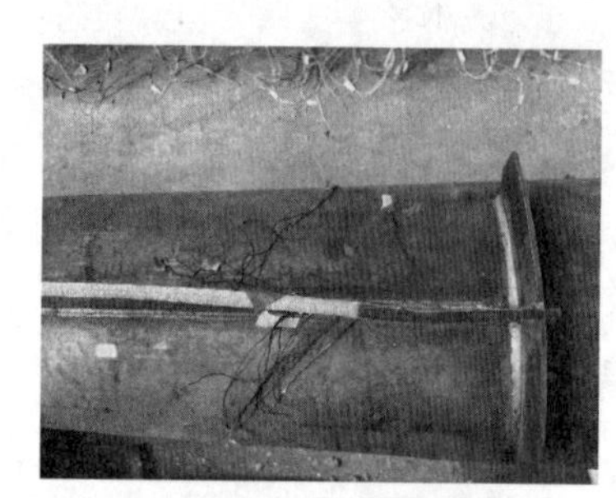

(a) 破坏后节点板右侧俯视图

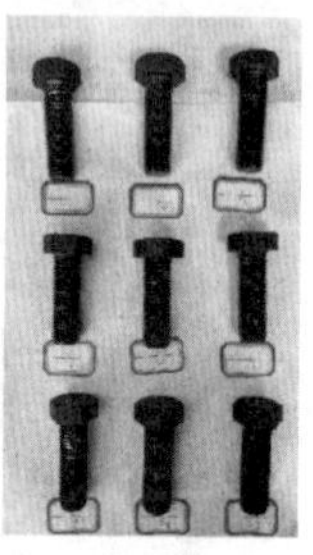

(b) 破坏后螺栓变形

图 2-39　K4 组节点板与螺栓变形

逐渐减小，斜材钢管 C 型插板部分的初始转动刚度分别约为 13 612kN・m/rad、14 258 kN・m/rad 。

K5（C8J10L3）组节点（K5－1、K5－2）：主材节点板厚度 10mm，斜材 C 型插板厚度 8mm，8.8 级高强螺栓，螺栓共 3 颗。整个节点的转动由斜材在节点域的剪切变形转动为主。节点各阶段变形与 K1 组相似，最终破坏形式为螺栓被剪断而达到极限弯矩。节点破坏如图 2-41～图 2-44 所示。

K5（C8J10L3）组节点测点数据和弯矩—转角曲线如图 2-45 所示。图 2-45（a）和（b）分别为 1～8 号位移计所测位移值。图 2-45（c）和（d）分别为斜材 C 型插板的弯矩—转角曲线以及斜材钢管的弯矩—转角曲线。在节点加载初期，弯矩转角曲线接近于线性增长，节点刚度趋于稳定，而在节点加载后期，节点域塑性变形产生，节点刚度逐渐减小，斜材钢管 C 型插板部分的初始转动刚度分别约 9431kN・m/rad、8085kN・m/rad。

K6（C8J10L6）组节点（K6－1、K6－2）：主材节点板厚度 10mm，斜材 C 型插板厚度 8mm，8.8 级高强螺栓，螺栓共 6 颗。整个节点的转动以斜材在剪力方向的转动为主。根据节点各阶段变形可知，在加载初期，克服插板节点板间空隙及框架铰支座摩擦力后，节点处于弹性状态，整体沿弯矩方向转动，在节点域沿弯矩方向较小位移，节点呈转动状态。随着荷载的增大，斜材及插板部分沿着剪力方向快速转动，面外位移增长迅速，由于面外的框架转动的局限性，无法测得极限弯矩。试验现象主要为斜材、C 型插板、节点板产生沿剪力方向位移，且节点板变化趋势小于斜材、C 型插板变化趋势。由于面外位移从图片无法清晰看出，本书采取在框架右上角支撑装置上贴一红色标签，红色标签处为框架初始位置，更直观地展示出面外位移的产生及变化，同时也证明本文所用试验装置中框架的有效性。节点破坏如图 2-46 所示。

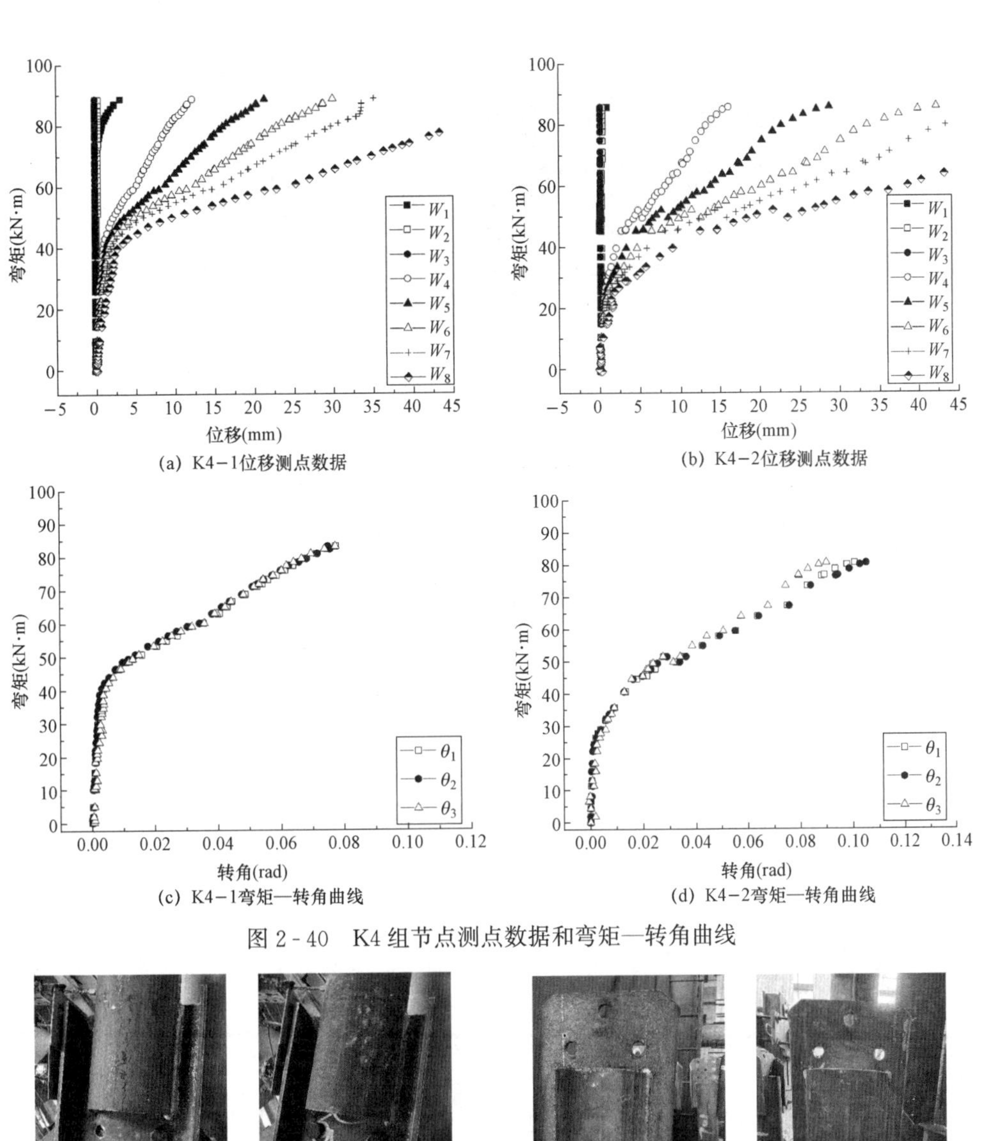

(a) K4-1位移测点数据

(b) K4-2位移测点数据

(c) K4-1弯矩—转角曲线

(d) K4-2弯矩—转角曲线

图 2-40 K4 组节点测点数据和弯矩—转角曲线

(a) 破坏前

(b) 破坏后

图 2-41 K5 组节点破坏区域变形

(a) 破坏前

(b) 破坏后

图 2-42 K5 组斜材 C 型插板螺栓孔变形

(a) 破坏前

(b) 破坏后

图 2-43 K5 组主材节点板螺孔变形

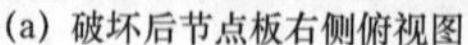

(a) 破坏后节点板右侧俯视图

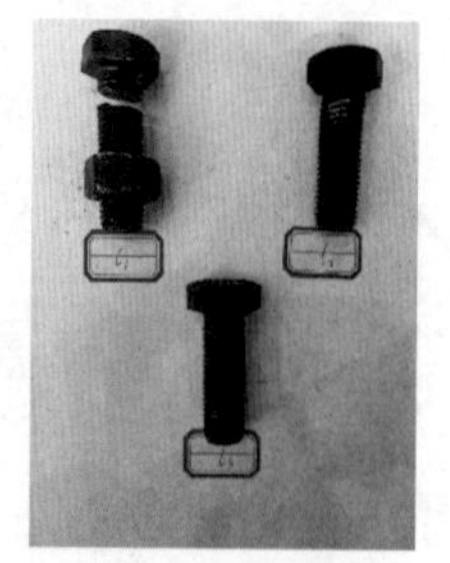

(b) 破坏后螺栓变形

图 2-44　K5 组节点板与螺栓变形 5

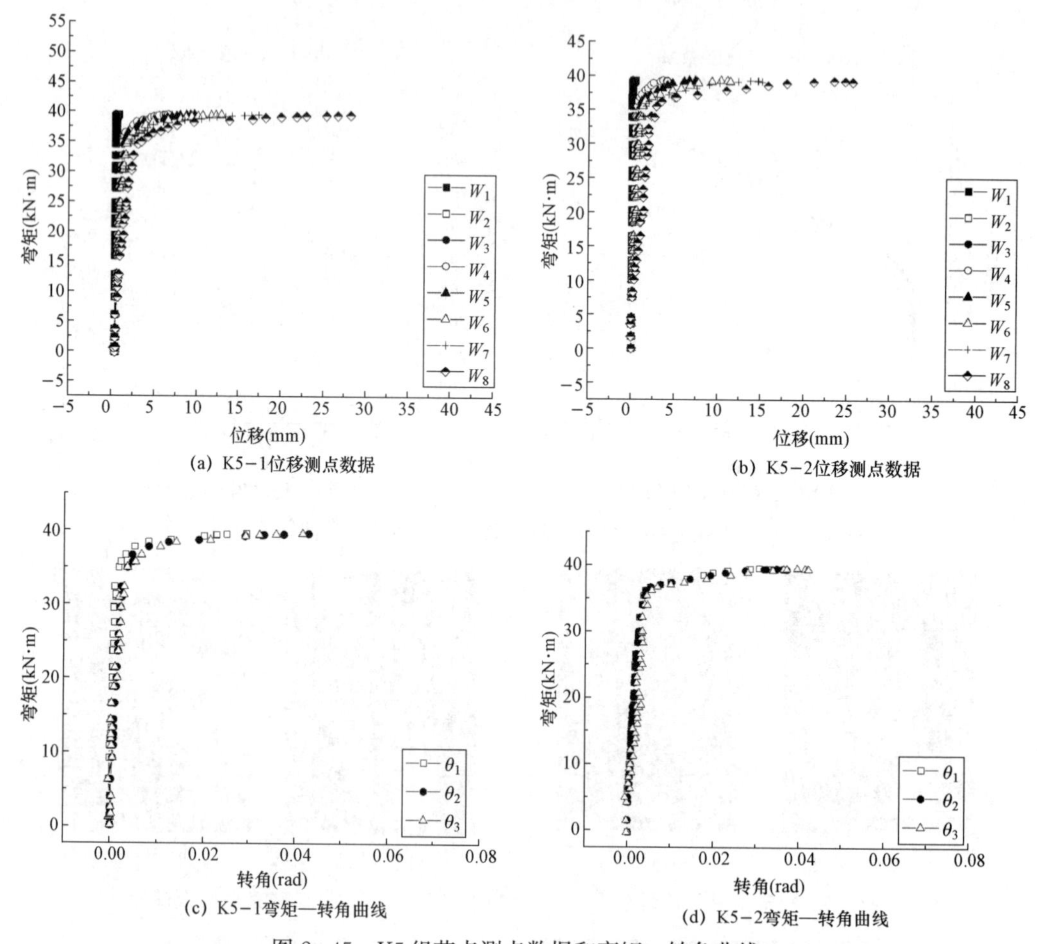

(a) K5-1位移测点数据

(b) K5-2位移测点数据

(c) K5-1弯矩—转角曲线

(d) K5-2弯矩—转角曲线

图 2-45　K5 组节点测点数据和弯矩—转角曲线

K6（C8J10L6）组节点测点数据和弯矩—转角曲线如图 2-47 所示。图 2-47（a）和（b）分别为 K6-1、K6-2 的 1～8 号位移计所测位移值。图 2-47（c）和（d）分别为 K6-1、K6-2 斜材 C 型插板位置处的弯矩—转角曲线以及斜材钢管位置处的弯矩—转角曲线。在节点加载初期，受到插板节点板间空隙及框架铰支座摩擦力等的影响，曲线初始位置会有一段斜率较大位置，之后弯矩转角曲线接近于线性增长，节点刚度趋于稳定，而在节点中期及后期，节点刚度迅速减小，K6-1、K6-2 斜材钢管 C 型插板部分的初始转动

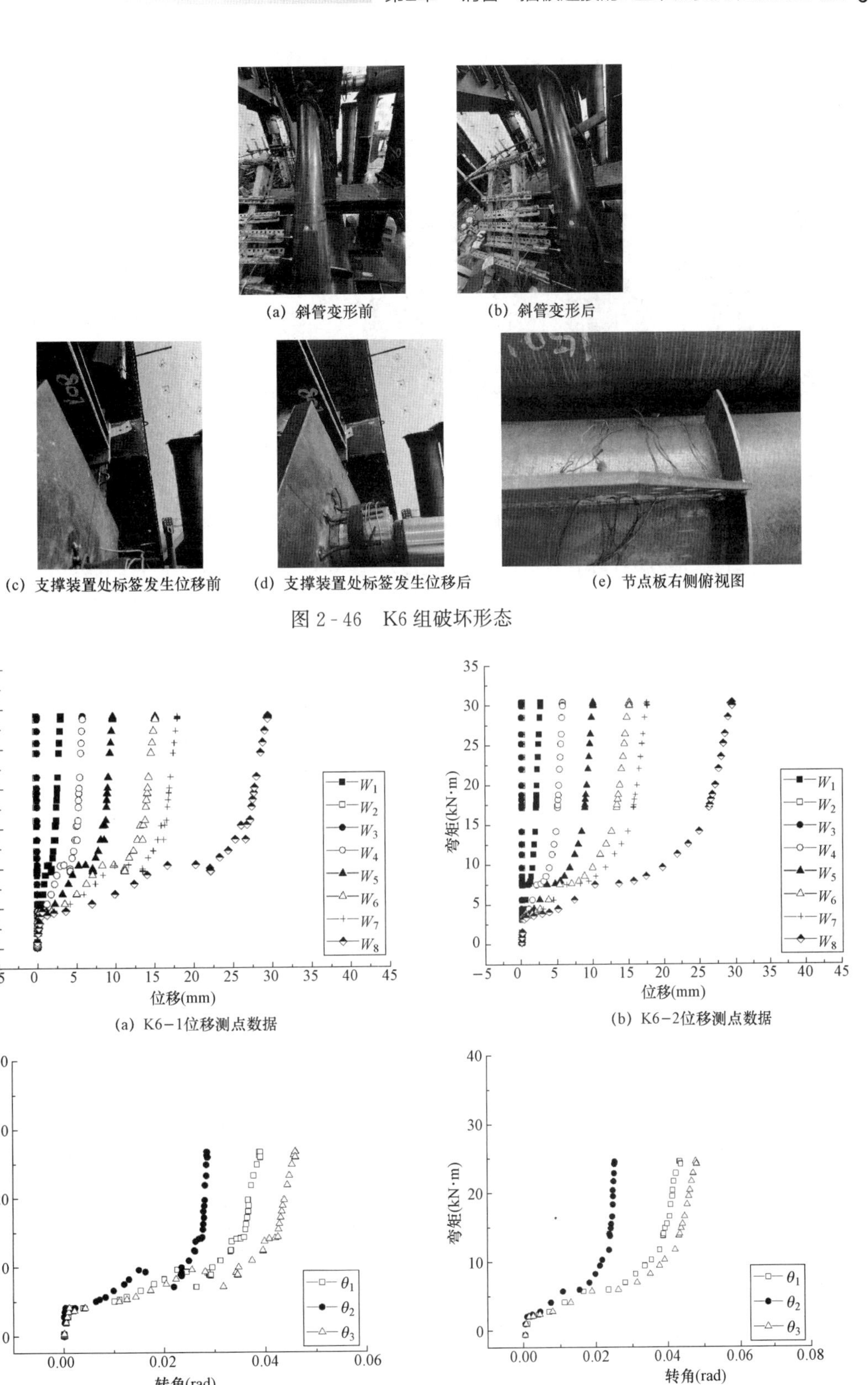

(a) 斜管变形前　(b) 斜管变形后

(c) 支撑装置处标签发生位移前　(d) 支撑装置处标签发生位移后　(e) 节点板右侧俯视图

图 2-46　K6 组破坏形态

(a) K6-1位移测点数据　(b) K6-2位移测点数据

(c) K6-1弯矩—转角曲线　(d) K6-2弯矩—转角曲线

图 2-47　K6 组节点测点数据和弯矩—转角曲线

刚度分别约为 250kN·m/rad、259kN·m/rad。

K7（C12J14L7）组节点（K7－1、K7－2）：主材节点板厚度 14mm，斜材 C 型插板厚度 12mm，8.8 级高强螺栓，螺栓共 6 颗。与 K6 类似，整个节点的转动以斜材在剪力方向的转动为主。根据节点各阶段变形可知，在加载初期，节点处于弹性状态，整体沿弯矩方向转动，在节点域沿弯矩方向较小位移，节点呈转动状态。随着荷载的增大，斜材及插板部分沿着剪力方向快速转动，面外位移增长迅速，由于面外的框架转动的局限性，无法测得极限弯矩。红色标签处为框架初始位置，节点破坏如图 2－48 所示。

(a) 斜管变形

(b) 节点板右侧俯视图

图 2－48　K7 组破坏形态

K7（C8J10L6）组节点测点数据和弯矩—转角曲线图 2－49 所示。K7－1、K7－2 斜材钢管 C 型插板部分的初始转动刚度分别约为 317kN·m/rad、397kN·m/rad。

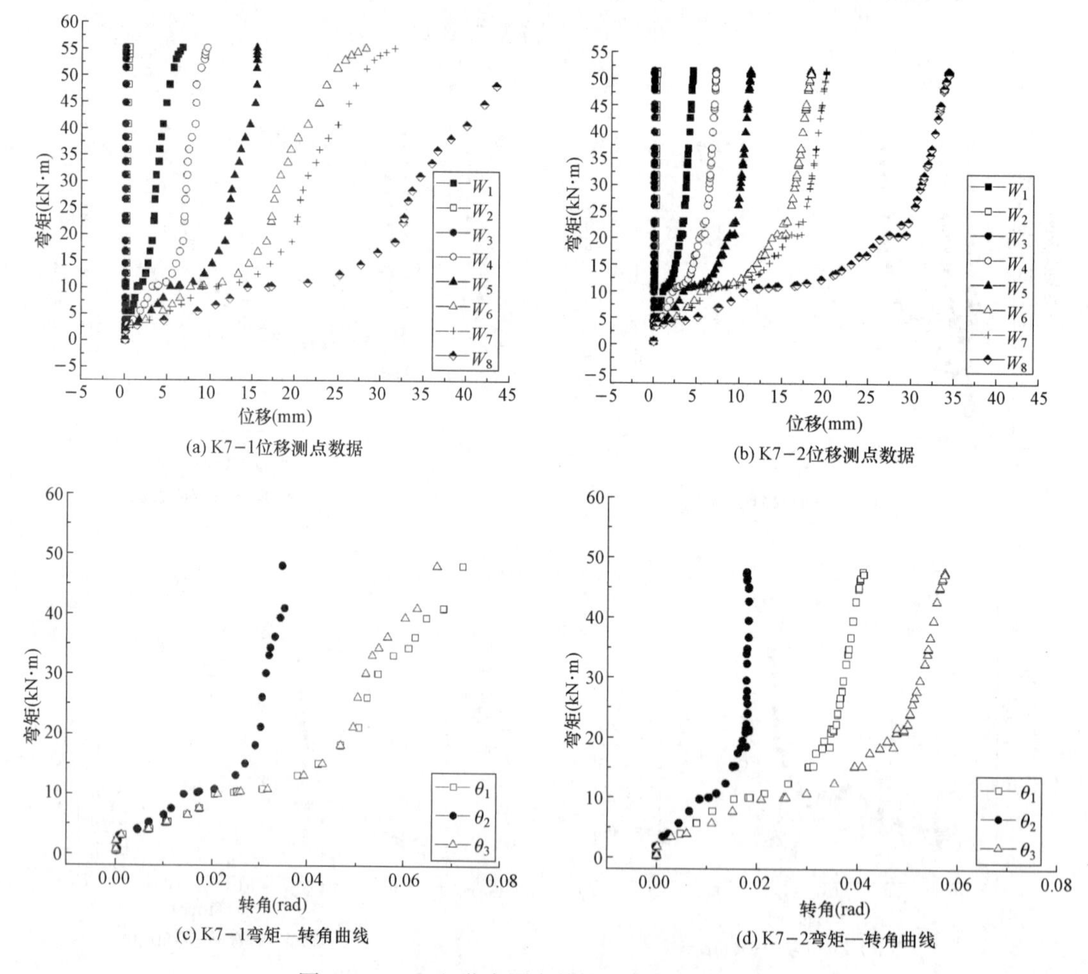

(a) K7－1位移测点数据　(b) K7－2位移测点数据

(c) K7－1弯矩—转角曲线　(d) K7－2弯矩—转角曲线

图 2－49　K7 组节点测点数据和弯矩—转角曲线

K8（C6J8L6）组节点（K8－1、K8－2）：主材节点板厚度8mm，斜材C型插板厚度6mm，8.8级高强螺栓，间距60mm的螺栓共6颗。与K6类似，整个节点的转动以斜材在剪力方向的转动为主。根据节点各阶段变形可知，在加载初期，节点处于弹性状态，整体沿弯矩方向转动，在节点域沿弯矩方向较小位移，节点呈转动状态。随着荷载的增大，斜材及插板部分沿着剪力方向快速转动，面外位移增长迅速，由于面外的框架转动的局限性，无法测得极限弯矩。红色标签处为框架初始位置，节点破坏如图2－50所示。

(a) 斜管变形

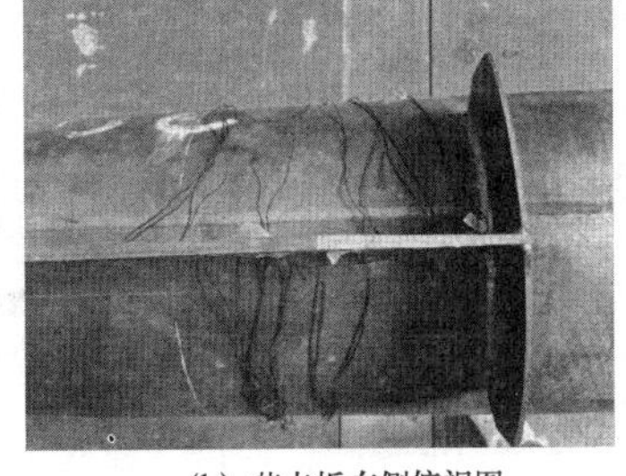

(b) 节点板右侧俯视图

图2－50　K8组破坏形态

K8（C6J8L6）组节点测点数据和弯矩—转角曲线如图2－51所示。后期转角减小原因为位移计已到达最大量程。K8－1、K8－2斜材钢管C型插板部分的初始转动刚度分别约为216kN·m/rad、244kN·m/rad。

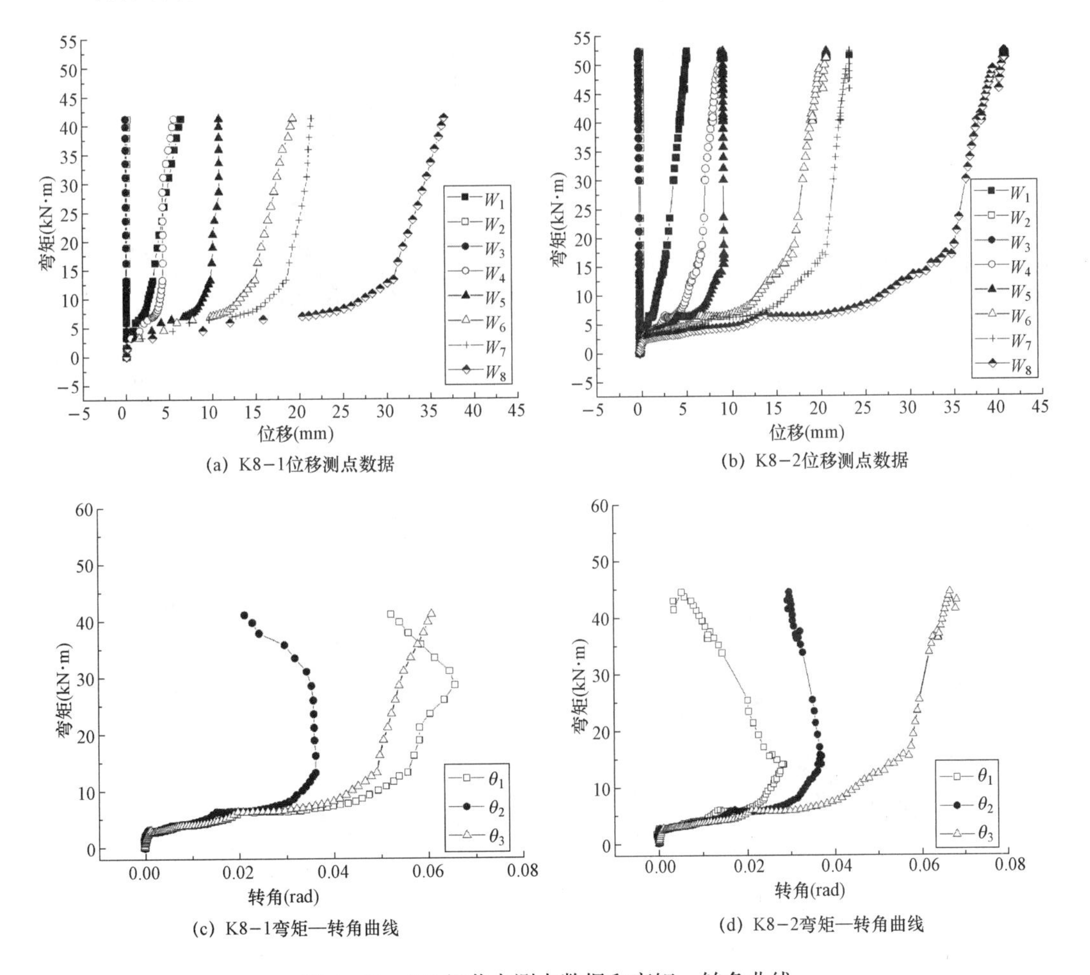

(a) K8－1位移测点数据　(b) K8－2位移测点数据

(c) K8－1弯矩—转角曲线　(d) K8－2弯矩—转角曲线

图2－51　K8组节点测点数据和弯矩—转角曲线

K9（C8J10L9）组节点（K9－1、K9－2）：主材节点板厚度10mm，斜材C型插板厚度8mm，8.8级高强螺栓，间距60mm的螺栓共9颗。与K6类似，整个节点的转动以斜材在剪力方向的转动为主。根据节点各阶段变形可知，在加载初期，节点处于弹性状态，整体沿弯矩方向转动，在节点域沿弯矩方向较小位移，节点呈转动状态。随着荷载的增大，斜材及插板部分沿着剪力方向快速转动，面外位移增长迅速，由于面外的框架转动的局限性，无法测得极限弯矩。红色标签处为框架初始位置，节点破坏如图2－52所示。

(a) 斜管变形

(b) 节点板右侧俯视图

图2－52　K9组破坏形态

K9（C8J10L9）组节点测点数据和弯矩—转角曲线如图2－53所示。K9－1、K9－2斜材钢管C型插板部分的初始转动刚度分别约为274kN·m/rad、242kN·m/rad。

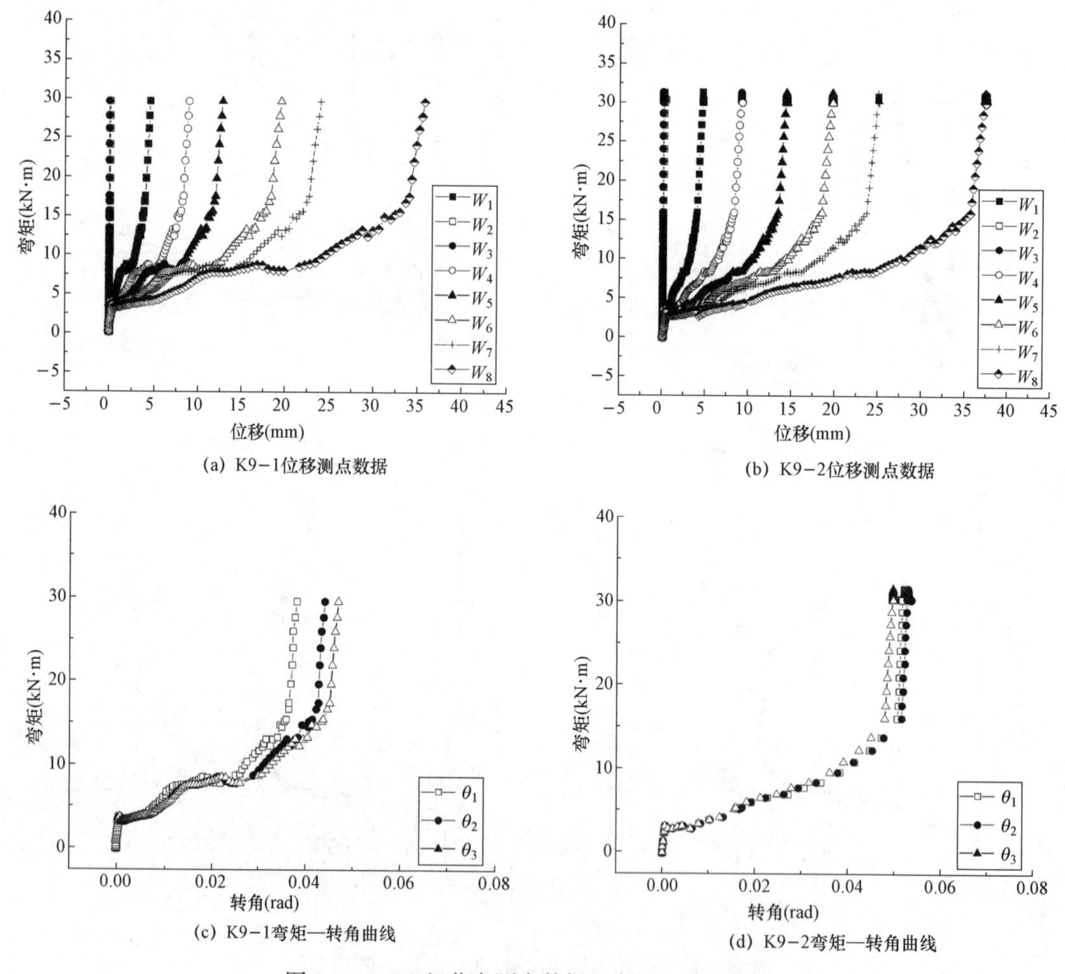

图2－53　K9组节点测点数据和弯矩—转角曲线

K10（C8J10L3）组节点（K10-1、K10-2）：主材节点板厚度10mm，斜材C型插板厚度8mm，8.8级高强螺栓，螺栓共3颗。与K6类似，整个节点的转动以斜材在剪力方向的转动为主。根据节点各阶段变形可知，根据节点各阶段变形可知，在加载初期，节点处于弹性状态，整体沿弯矩方向转动，在节点域沿弯矩方向较小位移，节点呈转动状态。随着荷载的增大，斜材及插板部分沿着剪力方向快速转动，面外位移增长迅速，由于面外的框架转动的局限性，无法测得极限弯矩。红色标签处为框架初始位置，节点破坏如图2-54所示。

(a) 斜管变形

(b) 节点板右侧俯视图

图2-54　K10组破坏形态

K10（C8J10L3）组节点测点数据和弯矩—转角曲线如图2-55所示。K10-1、K10-2斜材钢管C型插板部分的初始转动刚度分别约为194kN·m/rad、185kN·m/rad。

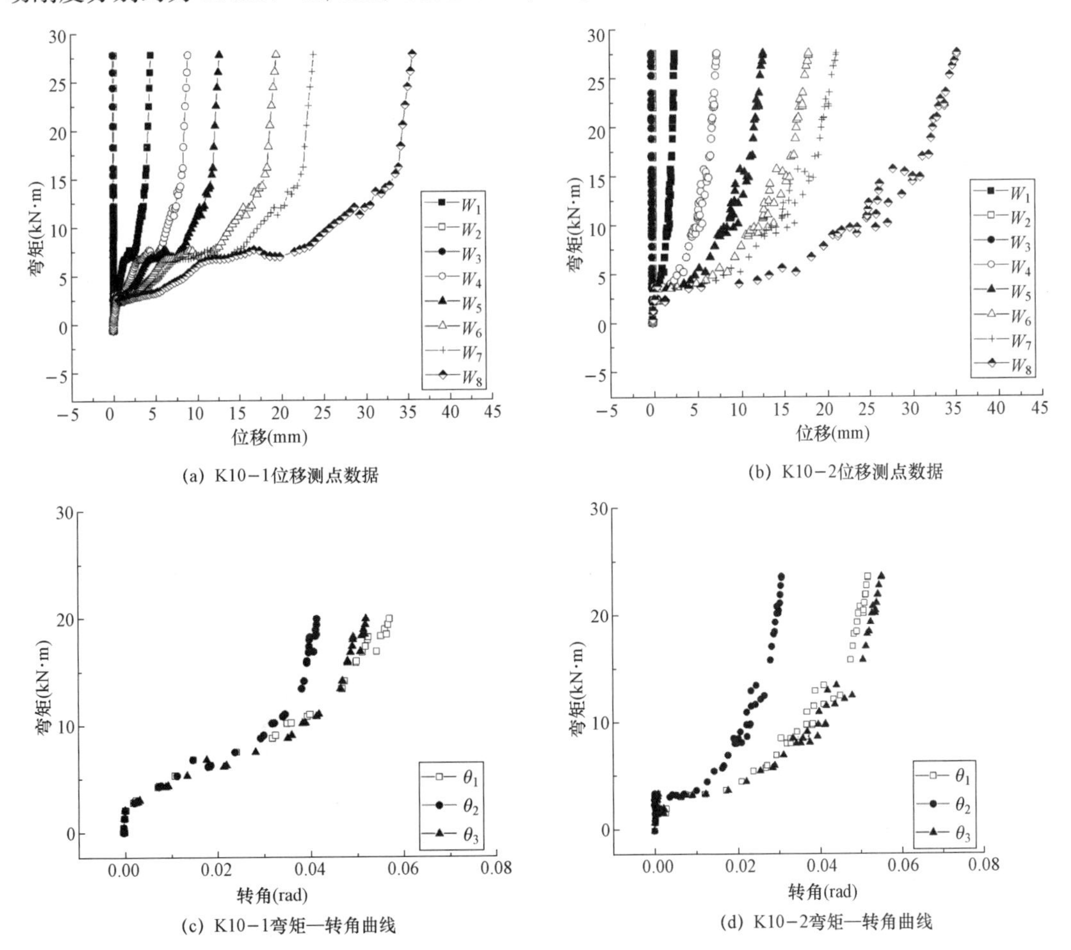

(a) K10-1位移测点数据

(b) K10-2位移测点数据

(c) K10-1弯矩—转角曲线

(d) K10-2弯矩—转角曲线

图2-55　K10组节点测点数据和弯矩—转角曲线

各节点弯矩—转角曲线对比如图 2-56 所示，各节点初始刚度值汇总值如表 2-10 所示。对比可知，在面内加载弹性阶段，转角随着弯矩的增加呈线性增长。继续增大弯矩，由于主钢管和节点板的螺孔出现挤压塑性变形，螺栓在因受剪切而出现塑性变形，引起曲线刚度有一定下降。由于节点最终以螺栓被剪断或节点区域中插板节点板出现较大变形而达到极限荷载，因此螺栓等级对节点抗弯极限承载力有较大的影响，节点板插板的厚度对整个节点区域的刚度也会对节点抗弯承载力有一定的影响。通过面外加载节点各阶段变形可知，在加载初期，克服插板节点板间空隙及框架铰支座摩擦力后，节点处于弹性状态，整体沿弯矩方向转动，在节点域沿弯矩方向较小位移，节点呈转动状态。随着荷载的增大，斜材及插板部分沿着剪力方向快速转动，面外位移迅速增大。

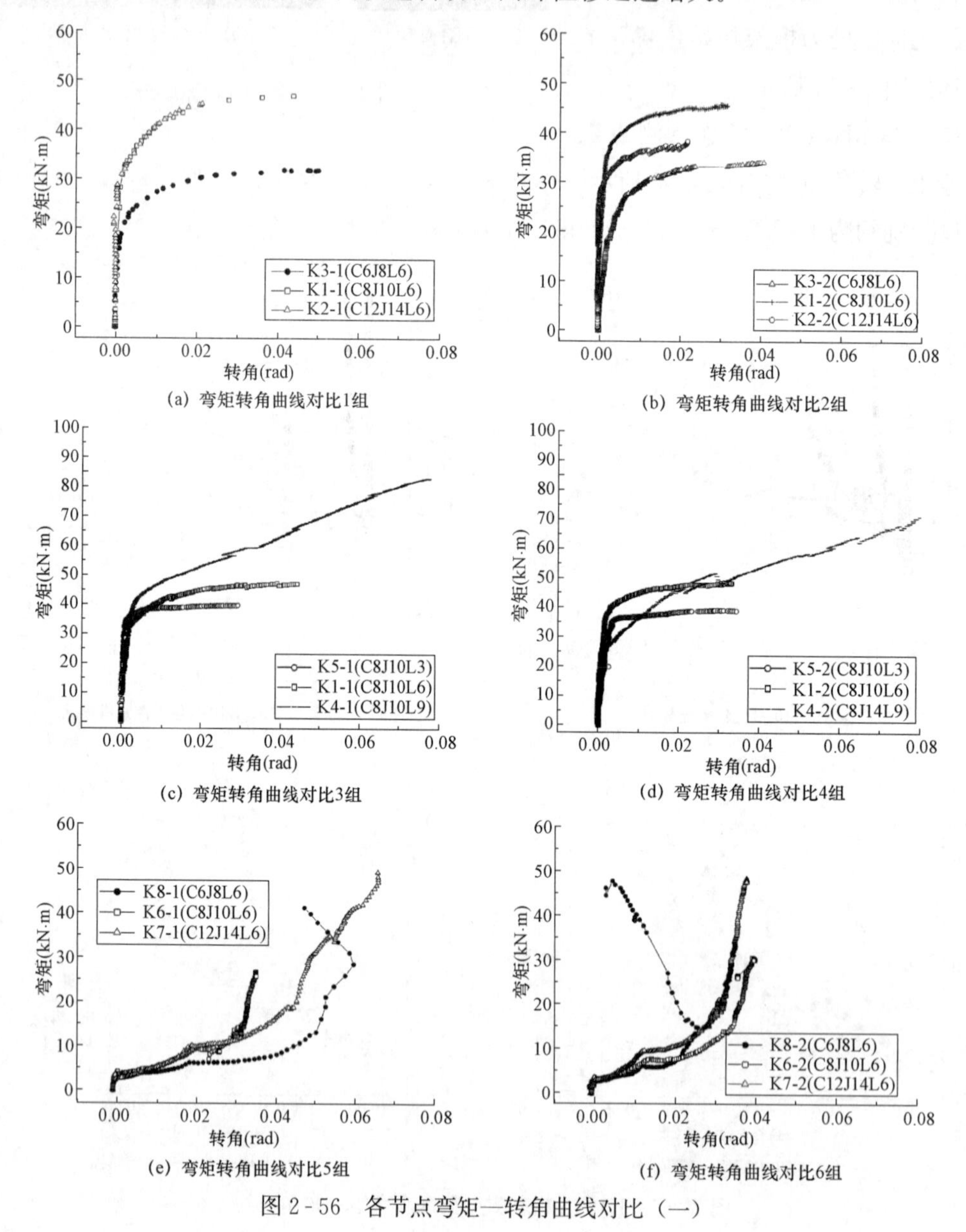

(a) 弯矩转角曲线对比1组

(b) 弯矩转角曲线对比2组

(c) 弯矩转角曲线对比3组

(d) 弯矩转角曲线对比4组

(e) 弯矩转角曲线对比5组

(f) 弯矩转角曲线对比6组

图 2-56 各节点弯矩—转角曲线对比（一）

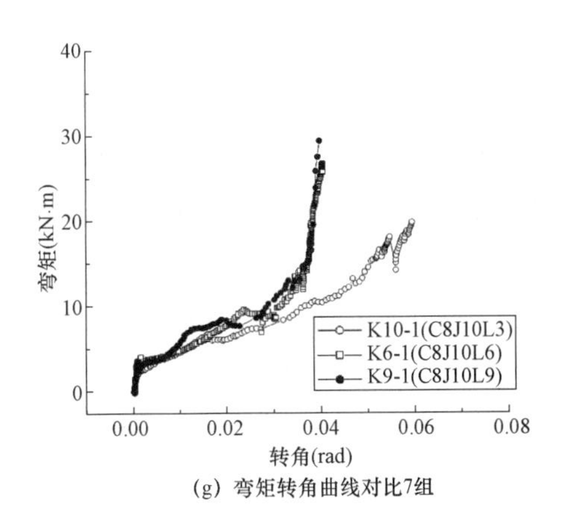

(g) 弯矩转角曲线对比7组

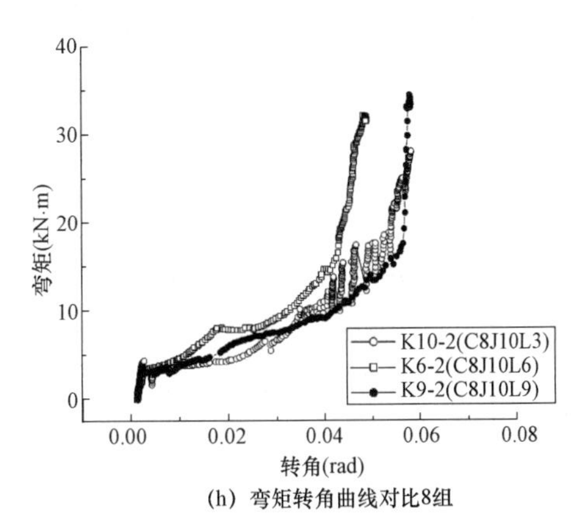

(h) 弯矩转角曲线对比8组

图 2-56　各节点弯矩—转角曲线对比（二）

表 2-10　各节点初始刚度汇总值

试件编号	试件 1 刚度值（kN·m/rad）	试件 2 刚度值（kN·m/rad）	试验平均刚度值（kN·m/rad）
K1	13 042	12 694	12 868
K2	16 047	20 645	18 346
K3	6611	9385	7998
K4	13 612	14 258	13 935
K5	9431	8085	8758
K6	250	259	255
K7	317	397	357
K8	216	244	230
K9	274	242	258
K10	194	185	190

面内以节点 K1、K2 和 K3 组为例，通过图 2-56（a）和（b）可知，3 组的螺栓颗数是相同的，随着节点板和插板厚度越来越大，K1 和 K2 组最终是以螺栓剪断而直接破坏，K3 组是节点板和插板产生大变形而达到极限承载力，说明当节点板和插板到达一定厚度后，再增大厚度对节点的抗弯承载力并不会产生明显增强，因为影响节点抗弯承载力的主要因素变为螺栓的抗剪承载力，所以在节点板和插板到达一定厚度后，更高的螺栓等级能提高螺栓抗剪承载力，会更利于提高整个节点的抗弯承载力。随着节点板和插板厚度越来越大，节点的刚度也会相应增大。

面内以节点 K1、K4 和 K5 组为例，通过图 2-56（c）和（d）可知，3 组的节点板和插板厚度是相同的，随着螺栓颗数的不同，最终的破坏模式也不同，K1 和 K5 组最终是以螺栓剪断而直接破坏，而 K4 组却是节点板和插板的明显变形而达到极限承载力，说明随着螺栓数量的增加，螺栓对结点的约束增强，约束达到一定程度后，再增加螺栓的数量不会对节点抗弯承载力有明显的增强作用，此时节点板和插板的厚度起主要的影响。随着螺栓颗数的增加，节点的刚度会相应增大。

面外以节点 K6、K7 和 K8 组为例，通过图 2 - 56（e）和（f）可知，3 组的螺栓颗数是相同的，随着节点板和插板厚度越来越大，初始刚度越来越大，说明在螺栓数量一定的情况下，增大节点板与插板厚度可以使节点面外抗弯承载力有一定程度的增强。随着节点板和插板厚度越来越大，节点的刚度会增大。

面外以节点 K6、K9 和 K10 组为例，通过图 2 - 56（g）和（h）可知，3 组的节点板和插板厚度是相同的，随着螺栓颗数的不同，初始刚度之间没有明显的差别，说明随着螺栓数量的增加，螺栓对结点的约束增强，而节点的面外抗弯承载力在约束已经足够的前提下，几乎不再受到约束的影响，再增加螺栓的数量不会对节点抗弯承载力有明显的增强作用，节点板和插板的厚度起主要影响。

第3章　钢管—插板连接的K型节点承载力理论分析

在实际工程中，最受关注的是钢管—插板连接K型节点的极限承载力问题，或者说极限荷载的算法。所谓极限荷载，即当荷载足够小的时候，壳体处于弹性状态，随着荷载的增大，就出现了塑性变形区，如果假定材料是非强化的，而同时弹性区域或其他控制并不能制止塑性变形在某些方向的不断增长，就出现了塑性流动，相应于这极限状态的载荷，就是壳体的极限荷载或极限承载力。有限元法可方便地对节点各参数进行比较分析，但不能给出封闭的理论解析解；而屈服线理论可以给出节点极限承载能力的理论推导公式，却存在着仅适用于小变形理论和不能考虑主管轴向压力的影响等不足之处。本文将在前人研究的基础上，对上述理论分析进行了补充和完善，形成一套完整的理论分析模式。

3.1　主管控制的节点承载力理论分析

根据试验结果和有限元分析发现，在节点承载力由主管承载力控制的情况下无环形加强板、1/4环形加强板和1/2环形加强板的节点破坏模式均是受拉端钢管首先发生局部屈曲。因此，理论分析作以下基本假定：

（1）简单加荷，即各荷载按同一比例单调加载。

（2）材料为理想弹塑性，塑性区域的材料达到完全塑性。取主管的整个塑性屈服区域为研究对象。

（3）受力模型如图3-1所示。

（4）A截面变形后的截面形态为如图3-2所示的三线模型，分别为顶部圆弧、底部圆弧和中间直线，最大挠度δ出现在管壁顶点（a点），当δ增大时，塑性铰1、塑性铰2分别沿下圆弧和上圆弧的切线方向作分离运动，使得中间直线段的长度增加，而上下圆弧长度均减小。

（5）忽略圆周向应变，即截面在变形过程中，圆环周向不可拉伸或压缩。

引入圆环—母线梁分离模型，如图3-3所示，考虑主管截面的变形会对轴向应变产生影响和母线梁伸缩能量的变化。

考虑到主管截面的变形会对轴向应变产生影响，引入圆环—母线梁分离模型，即将空

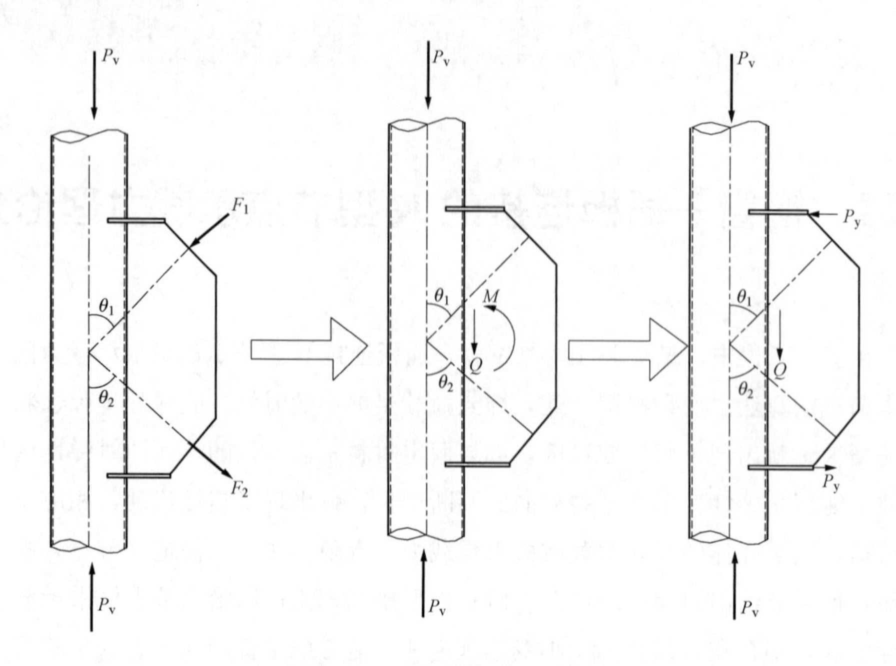

图 3-1 节点等效受力示意图

P_v—主管轴力；M—管壁弯矩；Q—管壁剪力；F_1、F_2—插板传力

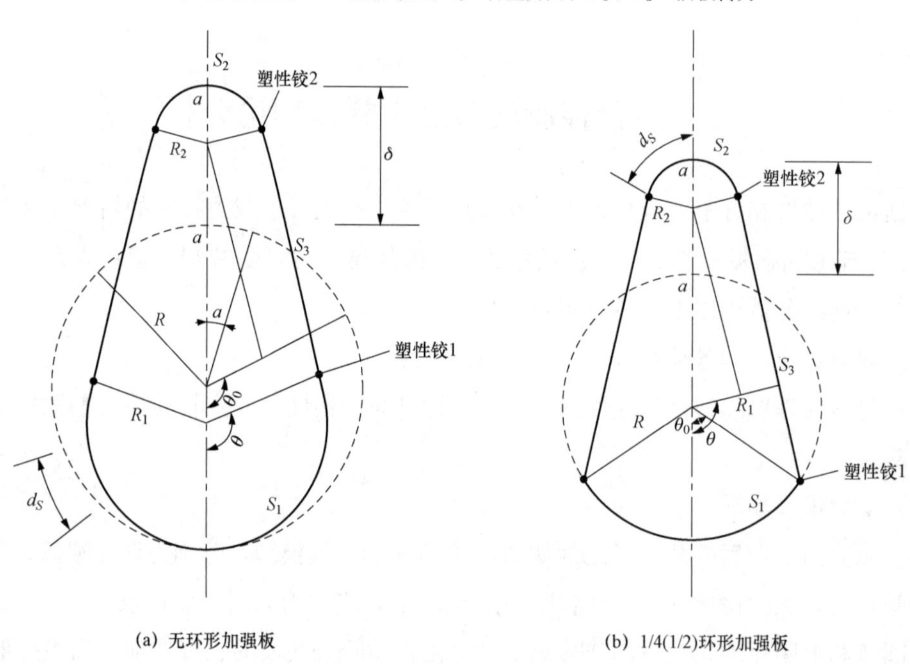

图 3-2 A 截面变形模型

R—A 截面变形前半径；R_1—A 截面变形后底部圆弧半径；R_2—A 截面变形后顶部圆弧半径；S_1—A 截面变形后底部圆弧长度；S_2—A 截面变形后顶部圆弧长度；S_3—A 截面变形后圆弧中间直线长度；θ—A 截面变形后底部圆弧的圆心角；θ_0—A 截面变形前圆弧的圆心角；d_S—A 截面圆弧微段长度；δ—A 截面顶点 a 处变形前后位移

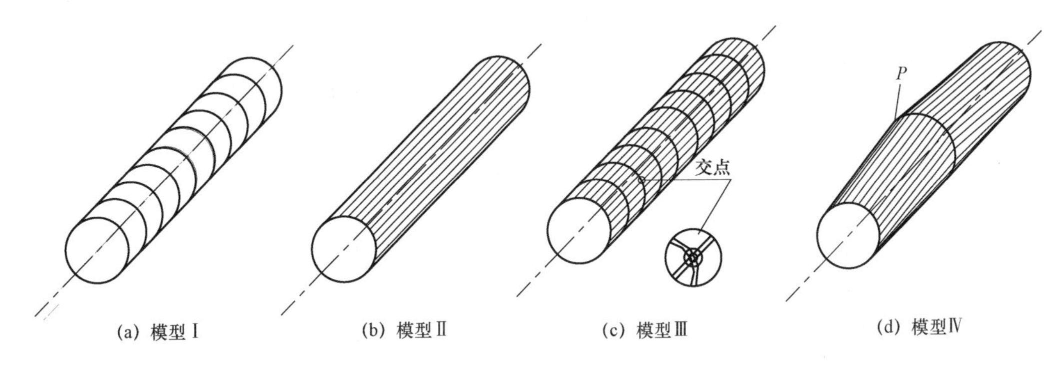

图 3-3　主管的圆环—母线梁分离模型

心主管壳体分为两部分：第一部分为一系列无厚度紧靠在一起但彼此不连续的圆环，如图 3-3（a）所示；第二部分为一系列沿着主管母线分布且彼此不连续的梁，如图 3-3（b）所示。这些圆环和梁在交点处松散地连接在一起，如图 3-3（c）所示，这样就能保证梁和圆环在交点处的侧向位移协调性，同时不会约束两者间的剪切变形；图 3-3（d）给出了分离模型在外部侧向拉力 P 和主管轴力共同作用下的变形形态。

由支管作用的轴力可以等效为弯矩 M 和剪力 Q 作用于主管管壁，如图 3-1 所示，将由支管轴力产生的连接板的弯矩 M 进一步分解为作用于连接板两端主管侧向的外力 P_y，并将支管产生的剪力 Q 加入主管的轴向压力中，主管将受到侧向外力 P_y和主管轴向合力的共同作用。显然，由于剪力 Q 的影响，A 截面的轴力较 B 截面大，即在 K 型节点中 A 截面主管管壁在侧向外部拉力 P_y 和轴向合力的作用下将产生较大的应变和应力，从而首先产生破坏。

根据 A 截面附近的局部破坏形态，本文提出适用于带连接板 K 型节点极限承载力分析的截面变形模型，如图 3-4 所示，并假设屈服区域关于 A 截面对称，沿管纵向总长度为 2ξ，屈服区域外的管壁保持原状。

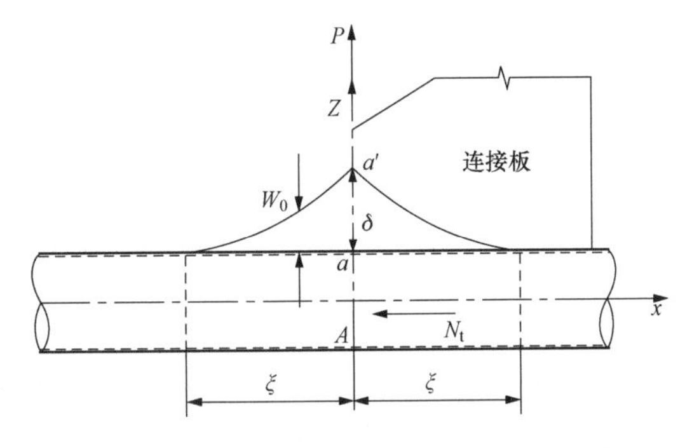

图 3-4　局部屈服区域内各截面的变形模型

通常认为主管局部变形为 $0.01D$（D 为主管外径）的支管内力为节点屈服状态控制力，因此，在各级荷载下测量管壁挠度，当挠度绝对值大于 $0.01D$ 时，认为该测点处于局部屈服区域内，当挠度小于 $0.01D$ 时，认为该测点处于屈服区域以外，由此得到屈服区域边界到 a 点距离 ξ 与荷载的关系。可见 ξ 的大致发展趋势为随着荷载的增大而减小，并不是固定不变的。显然，当主管轴向合力 N_t的值达到 $N_p=2\pi Rt\sigma_0$ 时钢管被压溃，有 $\xi=0$，其中 N_p 为钢管的压溃力。同时 ξ 还与主管直径 D，主管管壁厚 t 以及 a 点管壁侧向挠度 δ 有关。通过有限元的参数分析和最小二乘法可拟合出屈服区域长度 ξ 可表示为：

$$\begin{cases}\xi = 6D\left(1-\dfrac{N_t}{N_p}\right)\left(\dfrac{\delta}{t}\right)^{1/3} & \text{无加强板} \\ \xi = 8D\left(1-\dfrac{N_t}{N_p}\right)\left(\dfrac{\delta}{t}\right)^{1/2} & \text{1/4 加强板} \\ \xi = 9D\left(1-\dfrac{N_t}{N_p}\right)\left(\dfrac{\delta}{t}\right)^{1/2} & \text{1/2 加强板}\end{cases} \tag{3-1}$$

根据能量原理，外力做功率 $\dot{E}_E$ 等于内力功率 $\dot{E}_{Int}$，其外力功率可以表示为：

$$\dot{E}_E = P_y \times \dot{\delta} \tag{3-2}$$

应变能的变化包括变形连续区域的能量变化和变形不连续处由塑性铰运动产生的能量变化。内部应变能的变化主要是由圆环截面变形和圆环上的塑性铰运动而产生的内部能量变化，故内力功率 $\dot{E}_{Int}$ 可以表示为：

$$\dot{E}_{Int} = 2|M_0\dot{\varphi}_1 + M_0\dot{\varphi}_2| + 2\int_l |(M_0\dot{k}_{1\theta\theta} + M_0\dot{k}_{2\theta\theta})|\,dS \tag{3-3}$$

式中　M_0——弯矩张量；

$\dot{\varphi}_1$、$\dot{\varphi}_2$——塑性铰 1 和塑性铰 2 两侧的转角；

$\dot{k}_{1\theta\theta}$、$\dot{k}_{2\theta\theta}$——曲率变化率。

式（3-3）中，前一项是塑性铰运动引起的能量变化；后一项是在变形过程中，塑性铰沿环向上下分离，上下圆弧的曲率也随着连续变化引起的能量变化。

取 A 截面为研究对象，因不存在环向应变，上下圆弧与两侧直线长度之和应始终与初始状态下圆环的周长相等，则：

（1）无环形加强板。

$$S_1 + S_2 + S_3 = \pi D/2 \tag{3-4}$$

$$S_1 = R_1\theta \tag{3-5}$$

$$S_2 = R_2(\pi - \theta) \tag{3-6}$$

$$S_3 = (R_1 - R_2)\tan(\pi - \theta) \tag{3-7}$$

$$D + \delta = R_1 + R_2 + (R_1 - R_2)/\cos(\pi - \theta) \tag{3-8}$$

（2）1/4（1/2）环形加强板。

$$S_1 + S_2 + S_3 = \pi D/2 \tag{3-9}$$

$$S_1 = \frac{D}{2}\theta_0 \tag{3-10}$$

$$S_2 = R_2(\pi - \theta) \tag{3-11}$$

$$S_3 = (R_1 - R_2)\tan(\pi - \theta) + \frac{D}{2}\sin(\theta - \theta_0) \tag{3-12}$$

$$D/2 + \delta = R_2 + (R_1 - R_2)/\cos(\pi - \theta) \tag{3-13}$$

$$R_1 = \frac{D}{2}\cos(\theta - \theta_0) \tag{3-14}$$

$$\begin{cases} \theta_0 = \pi/4 & 1/4\text{ 环形} \\ \theta_0 = \pi/2 & 1/2\text{ 环形} \end{cases} \tag{3-15}$$

考虑圆环变形的初始状态，设第一个塑性铰出现在圆环上圆心角 $\theta=\theta_0$ 处，随着侧向力的增大和 a 点挠度的发展，塑性铰由原来的一个分离成两个，且分别沿着圆弧向上下移动，正是这种移动，形成了截面中间的直线段。在无加强板时，当圆环被拉伸到极限时，a 点位移 $\delta=(\pi-2)D/2$，上下圆弧半径 R_1 和 R_2 均趋向于 0，只剩下两侧的直线，则可认为上下对称，此时 θ 为 $\pi/2$。在初始到极限变化过程中，可取与参考文献类似的假设，即设 θ 与 δ 成线性变化关系：

$$\frac{\delta}{(\pi-2)D/2} = \frac{\theta - \theta_0}{\dfrac{\pi}{2} - \theta_0} \tag{3-16}$$

$\dot{\varphi}_1 = -\dfrac{1}{R_1}\dfrac{dS_1}{dt}$、$\dot{\varphi}_2 = -\dfrac{1}{R_2}\dfrac{dS_2}{dt}$、$\dot{k}_{1\theta\theta} = -\dfrac{R_1}{R_1^2}$、$\dot{k}_{2\theta\theta} = -\dfrac{R_2}{R_2^2}$，运用链式规则将对时间 t 的求导转化为对位移 δ 的求导：

$$d/dt = (d/d\delta)(d\delta/dt) \tag{3-17}$$

由上述公式所得圆环截面因变形产生的能量变化率为：

（1）无环形加强板。

$$\dot{E}_R = 4M_0\left(\frac{\theta}{R_1}\frac{dR_1}{d\delta} + \frac{\pi-\theta}{R_2}\frac{dR_2}{d\delta}\right)\dot{\delta} \tag{3-18}$$

（2）1/4（1/2）环形加强板。

$$\dot{E}_R = 4M_0\left(\frac{1}{\sqrt{D^2/4 - R_1^2}}\frac{dR_1}{d\delta} + \frac{\pi-\theta}{R_2}\frac{dR_2}{d\delta}\right)\dot{\delta} \tag{3-19}$$

对塑性变形区域内各圆环截面沿主管轴向积分，可得主管截面变形的总能量变化率：

（1）无环形加强板。

$$\dot{E}_{\mathrm{Int}} = \int_{-\xi}^{\xi} 4M_0\left(\frac{\theta}{R_1}\frac{dR_1}{d\delta} + \frac{\pi-\theta}{R_2}\frac{dR_2}{d\delta}\right)\dot{\delta}\,dx \tag{3-20}$$

（2）1/4（1/2）环形加强板。

$$\dot{E}_{\mathrm{Int}} = \int_{-\xi}^{\xi} 4M_0\left(\frac{1}{\sqrt{D^2/4 - R_1^2}}\frac{dR_1}{d\delta} + \frac{\pi-\theta}{R_2}\frac{dR_2}{d\delta}\right)\dot{\delta}\,dx \tag{3-21}$$

在无环形加强板情况下，将各参数用 δ 的代数式代入，得到 $\dot{E}_{\mathrm{Int}}$（δ，θ_0）。随着初始塑性铰位置 θ_0 的增大，在相同挠度下，截面等效力也增大，说明截面强度随 θ_0 的增大而增大。对式（3-20）和式（3-21）进行大量的数值计算发现，当 $\theta_0=2\pi/3$ 时，图 3-4 的截面变形与有限元模拟的截面变形最为相似。在 1/4（1/2）环形加强板情况下，将各参数用 δ 的代数式代入，得到 $\dot{E}_{\mathrm{Int}}$（δ）。

由能量原理，内外功率相等，将各参数用 δ 的代数式代入得到：

$$P_y = f(\delta) \tag{3-22}$$

对式（3-22）求导，就可以求得极限荷载 P_{yu}。

3.2 环形加强板控制的节点承载力理论分析

根据试验结果和有限元分析发现，在节点承载力由环板控制的情况下 1/4 环形加强板、1/2 环形加强板和全圆环加强板的破坏模式是受压端环板首先发生局部屈曲。因此，理论分析作以下基本假定。

假设材料为理想弹塑性材料，连接板假设为 T 形断面的两端支撑梁，此时加强环板的有效幅度（T 形翼缘长度）由 B. Thurlimann 提出的算式确定：$b_1 = 1.52\sqrt{r_m \cdot t} + t_r$，钢管节点的等效受力示意如图 3-1 所示。根据试验结果和有限元分析结果可以假设：全圆环加强板节点破坏机理假设为四铰破坏机理，1/4（1/2）环形加强板节点破坏机理假设为五铰破坏机理，变形前后塑性铰的发展如图 3-5 所示。图 3-5（a）中塑性铰 1、3 和 4、6 是固定的，塑性铰 2 和 5 是自由的且由荷载 P_y 确定其位置；图 3-5（b）中塑性铰 1、3 和 5 是固定的，塑性铰 2 和 4 是自由的且由荷载 P_y 确定其位置；加强环板近似于钢管有效幅度 b_1 的部分组成的 T 形面的环，当 b_1 确定后，T 形截面的塑性中性轴的位置能确定，因此能得到塑性中性轴与圆心的距离，即 $D_P/2$。将 D_P 代入式（2-20）～式（2-30）得到此类节点的估算极限承载力。

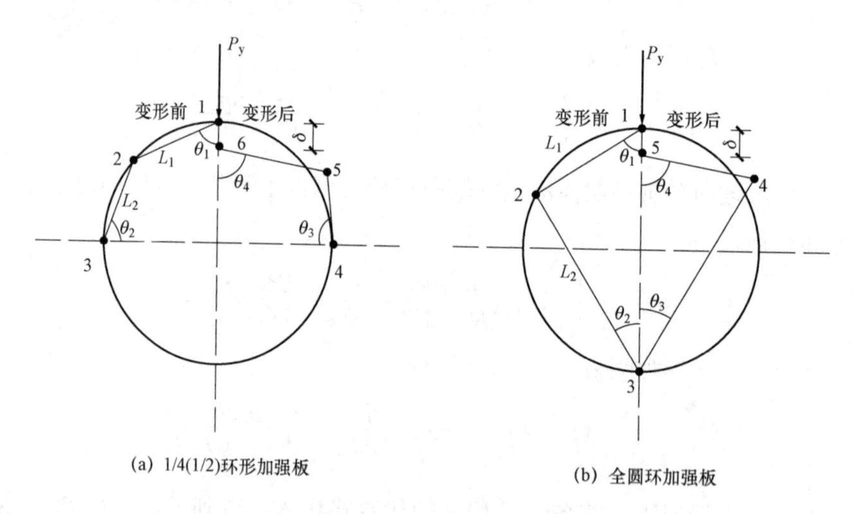

图 3-5 加强环板节点分析模型

根据虚功原理：

$$P_y = \frac{2M_P\theta_{diff}}{\delta} \tag{3-23}$$

式中　M_P——截面塑性弯矩。

$$\theta_{diff} = (\theta_4 - \theta_1) + (\theta_3 - \theta_2) \tag{3-24}$$

（1）1/4（1/2）环形加强板节点。

$$\theta_2 = \frac{3\pi}{4} - \theta_1 \tag{3-25}$$

$$\begin{cases} L_1 = D\cos\theta_1 \\ L_2 = D\cos\theta_2 \\ L_1\cos\theta_1 + L_2\sin\theta_2 = L_2\sin\theta_3 + L_1\cos\theta_4 + \delta \\ L_1\sin\theta_4 + L_2\cos\theta_3 = \dfrac{D}{2} \end{cases} \tag{3-26}$$

得到：

$$\theta_4 = \sin^{-1}\left(\frac{\dfrac{D}{2} - L_2\cos\theta_3}{L_1}\right) \tag{3-27}$$

$$\theta_3 + \theta_4 = \sin^{-1}\left\{\frac{\dfrac{D^2}{4} + \left[L_1\cos\theta_1 + L_2\sin\left(\dfrac{3\pi}{4} - \theta_1\right) - \delta\right]^2 - L_2^2 - L_1^2}{2L_1L_2}\right\} \tag{3-28}$$

（2）全圆环加强环板节点。

$$\theta_2 = \frac{\pi}{2} - \theta_1, \frac{\pi}{4} \leqslant \theta_1 \leqslant \frac{\pi}{2} \tag{3-29}$$

根据几何关系：

$$\begin{cases} L_1 = D\cos\theta_1 \\ L_2 = D\sin\theta_1 \\ L_1\cos\theta_4 + L_2\cos\theta_3 + \delta = L_1\cos\theta_1 + L_2\cos\theta_2 \\ L_1\sin\theta_4 = L_2\sin\theta_3 \end{cases} \tag{3-30}$$

得到：

$$\theta_4 = \sin^{-1}\left(\frac{L_2}{L_1}\sin\theta_3\right) \tag{3-31}$$

$$\theta_3 + \theta_4 = \cos^{-1}\left[\frac{(L_1\cos\theta_1 + L_2\cos\theta_2 - \delta)^2 - L_2^2 - L_1^2}{2L_1L_2}\right] \tag{3-32}$$

加强环板近似于钢管有效幅度 b_1 的部分组成的 T 形面的环，T 形截面如图 3-6 所示。此时加强环板的有效幅度由采用 B. Thurlimann 所提出的算式确定：

$$b_1 = 1.52\sqrt{r_m \cdot t} + t_r \tag{3-33}$$

根据截面塑性区的中性轴高度：

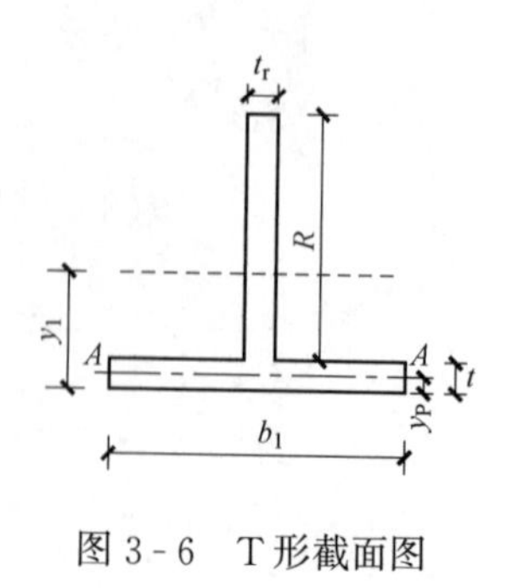

图 3-6 T 形截面图

$$\begin{cases} y_{p,c} = \dfrac{A}{2b_1}, 0 \leqslant y_{p,c} \leqslant t \\ y_{p,w} = \dfrac{A + 2t(t_r - b_1)}{2t_r}, t \leqslant y_{p,w} \leqslant t + R \end{cases} \tag{3-34}$$

得到截面塑性系数为：

$$\begin{cases} Z_{p,c} = (y_1 - \dfrac{A}{4b_1})A, 0 \leqslant y_{p,c} \leqslant t \\ Z_{p,w} = (t_r - b_1)t^2 + Ay_1 - t_r y_{p,w}^2, t \leqslant y_{p,w} \leqslant t + R \end{cases} \tag{3-35}$$

$$y_1 = \frac{0.5(b_1 t^2 + t_r R^2) + tRt_r}{A} \tag{3-36}$$

式中 A——T 形截面面积。

则截面塑性弯矩为：

$$M_P = Z_{p,c} f_y \text{ 或 } M_P = Z_{p,w} f_y \tag{3-37}$$

首先根据 B. Thurlimann 提出的算式，确定 b_1 的值，然后确定塑性轴的位置并计算 M_p 的值，得到塑性中性轴与圆心的距离，即 $D_p/2$。通过大量数值计算求出 $\theta_2 = \pi/6$ 时，截面变形与有限元模拟的变形最相似。根据虚功原理，将 D_p 代入式（3-23）～式（3-33）得到此类节点的估算极限承载力。

极限承载力的理论分析与试验结果比较见表 3-1。从表 3-1 可以看出，利用能量原理求解的 K 型节点极限承载力，均比有限元结果偏小，与试验结果的偏差约为 14%。这主要是没有考虑剪力对主管管壁的影响和材料的强化阶段对承载力的影响所致。

表 3-1 极限承载力的理论分析与试验结果比较

试件编号	试验结果 (kN·m)	有限元值 (kN·m)	能量法 (kN·m)	能量法/试验结果	能量法/有限元
C1-1	>139.25	168.42	150.23	—	0.892
C1-2	>140.71				
C1-3	>139.56				
均值	>139.84				
C2-1	>138.21	148.46	131.43	<0.950	0.885
C2-2	>136.10				
C2-3	>140.57				
均值	>138.29				
U3-1	126.49	108.78	100.68	0.876	0.926
U3-2	107.51				
U3-3	110.71				
均值	114.90				

续表

试件编号	试验结果（kN·m）	有限元值（kN·m）	能量法（kN·m）	能量法/试验结果	能量法/有限元
S4-1	128.12	123.89	112.88	0.845	0.911
S4-2	142.44				
S4-3	130.33				
均值	133.63				

3.3　考虑杆端弹簧约束影响的半刚性连接梁单元矩阵

3.3.1　Hermite 插值多项式

在构造插值时，不仅要求插值多项式节点的函数值与被插值函数的函数值相同，而且还要求它们的一阶导数值也相等（即要求在节点上具有一阶光滑度），甚至要求高阶导数也相等，这样的插值称为 Hermite 插值。

常用的 Hermite 插值描述如下：设 $f(x)$ 具有一阶连续导数，插值点为 x_i，$i=1, 2, \cdots, n$，若有至多为（$2n-1$）次的多项式 $H_{2n-1}(x)$，满足 $H_{2n-1}(x_i)=f(x_i)$ 和 $H'_{2n-1}(x_i)=f'(x_i)$，则称 $H_{2n-1}(x)$ 为 $f(x)$ 关于节点 $\{x_i\}_{i=0}^{n}$ 的 Hermite 插值多项式。

以两节点、一阶导为例，Hermite 插值多项式的构造方法如下：

给定 $f(x_1)=y_1^{(0)}$，$f'(x_1)=y_1^{(1)}$，$f(x_2)=y_2^{(0)}$，$f'(x_2)=y_2^{(1)}$，则可设：$H_3(x)=h_{01}^{(1)}(x)y_1^{(0)}+h_{11}^{(1)}(x)y_1^{(1)}+h_{02}^{(1)}(x)y_2^{(0)}+h_{12}^{(1)}(x)y_2^{(1)}=\sum_{i=1}^{2}\sum_{k=0}^{1}h_{ki}^{(1)}(x)y_i^{(k)}$

其中，k 表示导数的阶数，i 表示节点编号。$h_{ki}^{(1)}(x)$ 称为 Hermite 多项式，本例中为三次多项式。

Hermite 多项式 $h_{ki}^{(N)}(x)$ 具有如下性质：

$$\frac{\mathrm{d}^r h_{ki}^{(N)}}{\mathrm{d}x^r}(x_p)=\delta_{ip}\delta_{kr}\quad i,p=1,2;k,r=0,1,\cdots,N \tag{3-38}$$

其中，x_p 是第 p 点处的 x 值，δ_{mn} 为 Kronecker 符号，具有如下性质：

$$\delta_{mn}=\begin{cases}0,m\neq n\\1,m=n\end{cases} \tag{3-39}$$

由此性质可求出 Hermite 多项式的具体表达式。

3.3.2　形函数构造

对任一杆单元，设杆长为 L，两端点分别为第一点 $i=1$（$x_1=0$），第二点 $i=2$（$x_2=$

L)，将此两端点作为插值点，则位移函数可表示为：

$$\varphi(x)=\sum_{i=1}^{2}\sum_{k=0}^{N}h_{ki}^{(N)}(x)\varphi_i^{(k)} \tag{3-40}$$

式中 N——插值的导数数目；

$\varphi_i^{(k)}$——节点位移未知量。

零阶 Hermite 多项式可表示为：

$$\phi(x)=[h_{01}^{(0)}(x)\quad h_{02}^{(0)}(x)]\{\delta\} \tag{3-41}$$

其中，$\{\delta\}=\{\phi_1^{(0)}\quad \phi_2^{(0)}\}^T$

一阶 Hermite 多项式可表示为：

$$\phi(x)=[h_{01}^{(0)}(x)\quad h_{11}^{(1)}(x)\quad h_{02}^{(1)}(x)\quad h_{12}^{(1)}(x)]\{\delta\} \tag{3-42}$$

其中：

$$\{\delta\}=\{\phi_1^{(0)}\quad \phi_1^{(1)}\quad \phi_2^{(0)}\quad \phi_2^{(1)}\}^T \tag{3-43}$$

根据 Hermite 插值多项式的构造方法，对于不同的位移函数 ϕ（x），节点位移 $\phi_i^{(k)}$ 有对应的物理意义。当 ϕ（x）为轴向位移函数 u（x）时，$\phi_i^{(0)}$ 表示节点轴向位移；当ϕ（x）为弯曲位移函数 v（x）时，$\phi_i^{(0)}$ 表示节点平移未知量，$\phi_i^{(1)}$ 表示节点转角未知量；当 ϕ（x)为扭转位移函数 θ（x）时，$\phi_i^{(0)}$ 表示节点扭转角未知量，$\phi_i^{(1)}$ 表示节点翘曲未知量。

设杆件轴向位移函数用 u（x）表达，杆件在 xy 平面内的横向弯曲位移函数为v（x），在 xz 平面内的横向弯曲位移函数为 w（x），绕 x 轴的扭转位移为 θ（x），则它们都可由零阶和一阶 Hermite 多项式构成的形函数表为：

$$u(x)=[H_0(x)]\{\Delta u\}^e \tag{3-44}$$

$$v(x)=[H_1(x)]\{\Delta v\}^e \tag{3-45}$$

$$w(x)=[H_1(x)]\{\Delta w\}^e \tag{3-46}$$

$$\theta(x)=[H_1(x)]\{\Delta\theta\}^e \tag{3-47}$$

其中，

$$[H_0(x)]=[h_{01}^{(0)}(x)\quad h_{02}^{(0)}(x)] \tag{3-48}$$

$$[H_1(x)]=[h_{01}^{(1)}(x)\quad h_{11}^{(1)}(x)\quad h_{02}^{(1)}(x)\quad h_{12}^{(1)}(x)] \tag{3-49}$$

式（5-10）和式（5-11）即为有限元中的形函数。

$$\{\Delta u\}^{(e)}=\{u_1\quad u_2\}^T \tag{3-50}$$

$$\{\Delta v\}^{(e)}=\{v_1\quad v'_1\quad v_2\quad v'_2\}^T \tag{3-51}$$

$$\{\Delta w\}^{(e)}=\{w_1\quad w'_1\quad w_2\quad w'_2\}^T \tag{3-52}$$

$$\{\Delta\theta\}^{(e)}=\{\theta_1\quad \theta'_1\quad \theta_2\quad \theta'_2\}^T \tag{3-53}$$

式（3-50）～式（3-53）分别表示相应位移函数下的节点位移。

3.3.3 形函数求解

(1)［H_0（x）］求解。

设：

$$\begin{cases} h_{01}^{(0)}(x) = a_{11} + a_{21}x \\ h_{02}^{(0)}(x) = a_{12} + a_{22}x \end{cases} \tag{3-54}$$

利用 Hermite 多项式的性质式（3-38）和式（3-39）建立方程组可求得其中的待定系数值如下：

$$\begin{cases} a_{11} = 1 \\ a_{21} = -\dfrac{1}{L} \end{cases}, \begin{cases} a_{12} = 0 \\ a_{22} = \dfrac{1}{L} \end{cases}$$

将式（3-54）用矩阵表示为：

$$\begin{bmatrix} h_{01}^{(0)}(x) \\ h_{02}^{(0)}(x) \end{bmatrix} = \begin{bmatrix} a_{11} & a_{21} \\ a_{12} & a_{22} \end{bmatrix} \begin{bmatrix} 1 \\ x \end{bmatrix}$$

两端转置后得到：

$$[H_0(x)] = [1 \quad x] \begin{bmatrix} a_{11} & a_{12} \\ a_{21} & a_{22} \end{bmatrix} = [1 \quad x][A_0] \tag{3-55}$$

其中，

$$[A_0] = \begin{bmatrix} 1 & 0 \\ -\dfrac{1}{L} & \dfrac{1}{L} \end{bmatrix} \tag{3-56}$$

（2）$[H_1(x)]$ 求解。

设：

$$\begin{cases} h_{01}^{(0)}(x) = a_{11} + a_{21}x + a_{31}x^2 + a_{41}x^3 \\ h_{11}^{(1)}(x) = a_{12} + a_{22}x + a_{32}x^2 + a_{42}x^3 \\ h_{02}^{(1)}(x) = a_{13} + a_{23}x + a_{33}x^2 + a_{43}x^3 \\ h_{12}^{(1)}(x) = a_{14} + a_{24}x + a_{34}x^2 + a_{44}x^3 \end{cases} \tag{3-57}$$

利用 Hermite 多项式的性质式（3-38）和式（3-39）建立方程组可求得其中的待定系数值如下：

$$\begin{cases} a_{11} = 1 \\ a_{21} = 0 \\ a_{31} = -\dfrac{3}{L^2} \\ a_{41} = \dfrac{2}{L^3} \end{cases}, \begin{cases} a_{12} = 0 \\ a_{22} = 1 \\ a_{32} = -\dfrac{2}{L} \\ a_{42} = \dfrac{1}{L^2} \end{cases}, \begin{cases} a_{13} = 0 \\ a_{23} = 0 \\ a_{33} = \dfrac{3}{L^2} \\ a_{43} = -\dfrac{2}{L^3} \end{cases}, \begin{cases} a_{14} = 0 \\ a_{24} = 0 \\ a_{34} = -\dfrac{1}{L} \\ a_{44} = \dfrac{1}{L^2} \end{cases}$$

将式（3-57）用矩阵形式表示为：

$$\begin{bmatrix} h_{01}^{(1)}(x) \\ h_{11}^{(1)}(x) \\ h_{02}^{(1)}(x) \\ h_{12}^{(1)}(x) \end{bmatrix} = \begin{bmatrix} a_{11} & a_{21} & a_{31} & a_{41} \\ a_{12} & a_{22} & a_{32} & a_{42} \\ a_{13} & a_{23} & a_{33} & a_{43} \\ a_{14} & a_{24} & a_{34} & a_{44} \end{bmatrix} \begin{bmatrix} 1 \\ x \\ x^2 \\ x^3 \end{bmatrix}$$

两端转置后得到：

$$[H_1(x)] = [1 \quad x \quad x^2 \quad x^3] \begin{bmatrix} a_{11} & a_{12} & a_{13} & a_{14} \\ a_{21} & a_{22} & a_{22} & a_{24} \\ a_{31} & a_{32} & a_{33} & a_{34} \\ a_{41} & a_{42} & a_{43} & a_{44} \end{bmatrix} = [1 \quad x \quad x^2 \quad x^3][A_1] \tag{3-58}$$

其中，

$$[A_1] = \begin{bmatrix} 1 & 0 & 0 & 0 \\ 0 & 1 & 0 & 0 \\ -\dfrac{3}{L^2} & -\dfrac{2}{L} & \dfrac{3}{L^2} & -\dfrac{1}{L} \\ \dfrac{2}{L^3} & \dfrac{1}{L^2} & -\dfrac{2}{L^3} & \dfrac{1}{L^2} \end{bmatrix} \tag{3-59}$$

3.3.4 薄壁杆件的最小势能原理

根据薄壁杆件理论，不计剪切变形时，单元的应变能可表示为：

$$U^{(e)} = \frac{1}{2}\int_0^L (EAu'^2 + EI_z v''^2 + EI_y w''^2 + EI_\omega \theta''^2 + GI_d \theta'^2)\mathrm{d}x \tag{3-60}$$

式中 EA——拉压刚度；

EI_z、EI_y——抗弯刚度；

GI_d——抗扭刚度；

EI_ω——约束扭转刚度，其中的 I_ω 是主扇性极惯性矩。

设单元梁端半刚性约束的应变能为 $[K_k]^{(e)}$，单元的荷载势能为 $U_p^{(e)}$，则薄壁杆件的单元总势能为：

$$\Pi^{(e)} = U^{(e)} + [K_k]^{(e)} + U_p^{(e)} \tag{3-61}$$

根据势能驻值原理：

$$\frac{\partial \Pi^{(e)}}{\partial \{\Delta u\}^{(e)}} = \frac{\partial U^{(e)}}{\partial \{\Delta u\}^{(e)}} + \frac{\partial [K_k]^{(e)}}{\partial \{\Delta u\}^{(e)}} + \frac{\partial U_p^{(e)}}{\partial \{\Delta u\}^{(e)}} = 0 \tag{3-62}$$

$$\frac{\partial \Pi^{(e)}}{\partial \{\Delta v\}^{(e)}} = \frac{\partial U^{(e)}}{\partial \{\Delta v\}^{(e)}} + \frac{\partial [K_k]^{(e)}}{\partial \{\Delta v\}^{(e)}} + \frac{\partial U_p^{(e)}}{\partial \{\Delta v\}^{(e)}} = 0 \tag{3-63}$$

$$\frac{\partial \Pi^{(e)}}{\partial\{\Delta w\}^{(e)}}=\frac{\partial U^{(e)}}{\partial\{\Delta w\}^{(e)}}+\frac{\partial[K_k]^{(e)}}{\partial\{\Delta w\}^{(e)}}+\frac{\partial U_{\mathrm{p}}^{(e)}}{\partial\{\Delta w\}^{(e)}}=0 \tag{3-64}$$

$$\frac{\partial \Pi^{(e)}}{\partial\{\Delta \theta\}^{(e)}}=\frac{\partial U^{(e)}}{\partial\{\Delta \theta\}^{(e)}}+\frac{\partial[K_k]^{(e)}}{\partial\{\Delta \theta\}^{(e)}}+\frac{\partial U_{\mathrm{p}}^{(e)}}{\partial\{\Delta \theta\}^{(e)}}=0 \tag{3-65}$$

由此即可推导出薄壁杆件单元的刚度矩阵。

3.3.5　混合梁单元刚度矩阵计算

杆件端部的半刚性约束可以用弹簧约束来模拟，将弹簧单元与梁单元合并形成一种带约束的混合梁单元，其位移及转角如图3-7所示。

通过对固端约束梁单元形函数进行变换可以得到混合梁单元的形函数，进而根据势能原理得到单元的刚度矩阵。两端点的弯矩—转角关系符合Kishi-Chen幂函数模型：

$$M=K_{\mathrm{i}}\theta/\left[1+\left(\frac{\theta}{\theta_0}\right)^n\right]^{\frac{1}{n}} \tag{3-66}$$

式中　K_{i}——初始转动刚度；

n——刚度系数；

θ_0——塑性转角。

$\theta_0=M_{\mathrm{u}}/K_{\mathrm{i}}$，其中，$M_{\mathrm{u}}$为极限弯矩。

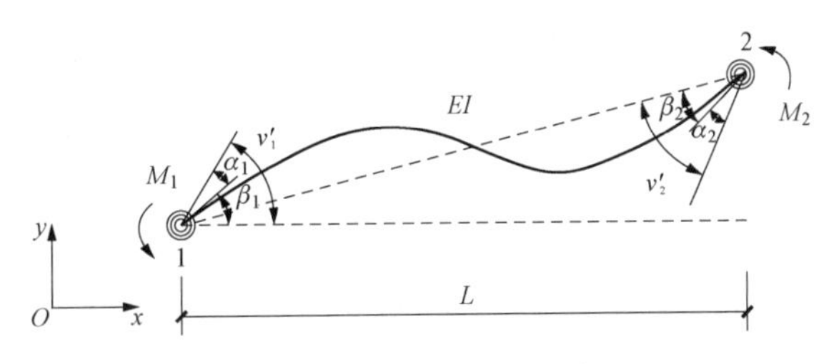

图3-7　半刚性连接梁单元

M_1、M_2—弯矩；α_1、α_2—梁两端半刚性连接在弯矩M_1、M_2作用下产生的转角；β_1、β_2—梁变形引起的转角；v'_1、v'_2—混合梁单元的转角；E—弹性模量；I—截面惯性矩；L—梁单元长度

在只考虑xy平面内位移v（x）的情况下，固定约束梁单元的位移函数为：

$$v=H_1(x)\{\Delta_v\}^{(e)} \tag{3-67}$$

式中　$\{\Delta_v\}^{(e)}$——梁单元节点横向位移列阵，$\{\Delta_v\}^{(e)}=\{v_1\quad v_1'\quad v_2\quad v_2'\}^T$。

在混合单元中梁变形引起的转角为：

$$\beta_i=v_i'-\alpha_i \tag{3-68}$$

$$\alpha_i=M_i/k_i \tag{3-69}$$

k_i可取半刚性连接的初始刚度。则混合单元的位移函数为：

$$v=H_1(x)[\{\Delta_v\}^{(e)}-\{\alpha\}] \tag{3-70}$$

其中，$\{\alpha\}^T=\{0\quad \alpha_1\quad 0\quad \alpha_2\}$，考虑梁单元的边界条件$M_1=-EIv''|_{x=0}$及$M_2=-EIv''|_{x=l}$。

$$H_1''(x)=\left[-\frac{6}{l^2}+\frac{12}{l^3}x \quad -\frac{4}{l}+\frac{6}{l^2}x \quad \frac{6}{l^2}-\frac{12}{l^3}x \quad -\frac{2}{l}+\frac{6}{l^2}x\right] \tag{3-71}$$

$$\begin{bmatrix}M_1\\M_2\end{bmatrix}=\frac{EI}{l^2}\begin{bmatrix}6 & 4l & -6 & 2l\\6 & 2l & -6 & 4l\end{bmatrix}\begin{Bmatrix}v_1\\v'_1-\alpha_1\\v_2\\v'_2-\alpha_2\end{Bmatrix} \tag{3-72}$$

令 $\gamma_i=\dfrac{EI}{k_i l^2}$，$i=1$，2。则由式（3-72）可求得：

$$\alpha_1=\frac{1}{\Delta_1}\left[6(1+2l\gamma_2)\gamma_1 \quad 4l(1+3l\gamma_2)\gamma_1 \quad -6(1+2l\gamma_2)\gamma_1 \quad 2l\gamma_1\right]\begin{Bmatrix}v_1\\v'_1\\v_2\\v'_2\end{Bmatrix} \tag{3-73}$$

$$\alpha_2=\frac{1}{\Delta_2}\left[6(1+2l\gamma_1)\gamma_2 \quad 2l\gamma_2 \quad -6(1+2l\gamma_1)\gamma_2 \quad 4l(1+3l\gamma_1)\gamma_2\right]\begin{Bmatrix}v_1\\v'_1\\v_2\\v'_2\end{Bmatrix} \tag{3-74}$$

其中，$\Delta_1=(1+4l\gamma_1)(1+4l\gamma_2)-4l^2\gamma_2$，$\Delta_2=(1+4l\gamma_1)(1+4l\gamma_2)-4l^2\gamma_1$

将式（3-73）和式（3-74）写成矩阵形式有：

$$\alpha^T=\{0 \quad \alpha_1 \quad 0 \quad \alpha_2\}=(\{R\}\{\Delta_v\}^{(e)})^T \tag{3-75}$$

其中，

$$\{R\}=\begin{bmatrix}0 & 0 & 0 & 0\\ \frac{6\gamma_1}{\Delta_1}(1+2l\gamma_2) & \frac{4l\gamma_1}{\Delta_1}(1+3l\gamma_2) & -\frac{6\gamma_1}{\Delta_1}(1+2l\gamma_2) & \frac{2l\gamma_1}{\Delta_1}\\ 0 & 0 & 0 & 0\\ \frac{6\gamma_2}{\Delta_2}(1+2l\gamma_1) & \frac{2l\gamma_2}{\Delta_2} & -\frac{6\gamma_2}{\Delta_2}(1+2l\gamma_1) & \frac{4l\gamma_2}{\Delta_2}(1+3l\gamma_1)\end{bmatrix}=\begin{bmatrix}0\\r_2\\0\\r_4\end{bmatrix} \tag{3-76}$$

将式（3-75）和式（3-76）代入式（3-70）：

$$\begin{aligned}v&=H_1(x)[\{\Delta_v\}^{(e)}-\{R\}\{\Delta_v\}^{(e)}]\\&=H_1(x)(I-\{R\})\{\Delta_v\}^{(e)}\\&=H_1(x)C\{\Delta_v\}^{(e)}\end{aligned} \tag{3-77}$$

式中 I——单位矩阵；

C——形函数的转换矩阵。

在只考虑 xy 平面内位移 $v(x)$ 的情况下，应变能表达式（3-60）简化为：

$$U^{(e)}=\frac{1}{2}\int_0^L EI_z v''^2\mathrm{d}x \tag{3-78}$$

将式（3-77）代入式（3-78）得：

$$U^{(e)} = \frac{1}{2}\{\Delta_v\}^{(e)T}\left\{\int_0^L \{[H_1''(x)]C\}^T EI_z\{[H_1''(x)]C\}\mathrm{d}x\right\}\{\Delta_v\}^{(e)} \tag{3-79}$$

对式（3-79）求偏分得：

$$\frac{\partial U^{(e)}}{\partial\{\Delta_v\}^{(e)}} = \int_0^L \{[H_1''(x)]C\}^T EI_z\{[H_1''(x)]C\}\mathrm{d}x\,\{\Delta_v\}^{(e)} \tag{3-80}$$

而对应于两端点转动的转动约束势能为：

$$U_k = \frac{1}{2}k_1\alpha_1^2 + \frac{1}{2}k_2\alpha_2^2 = \frac{1}{2}\{\Delta_v\}^{(e)T}(k_1r_2r_2^T + k_2r_4r_4^T)\{\Delta_v\}^{(e)} \tag{3-81}$$

则：

$$\frac{\partial U_k}{\partial\{\Delta_v\}^{(e)}} = \{k_1r_2r_2^T + k_2r_4r_4^T\}\{\Delta_v\}^{(e)} = [K_{kv}]\{\Delta_v\}^{(e)} \tag{3-82}$$

式中　$[K_{kv}]$——半刚性约束部分的刚度矩阵。

从而：

$$\frac{\partial U^{(e)}}{\partial\{\Delta_v\}^{(e)}} + \frac{\partial U_k}{\partial\{\Delta_v\}^{(e)}} = \left\{\int_0^L \{[H_1''(x)]C\}^T EI_z\{[H_1''(x)]C\}\mathrm{d}x + [K_{kv}]\right\}\{\Delta_v\}^{(e)} \tag{3-83}$$

则考虑半刚性约束的杆件单元刚度矩阵表达式为：

$$[K_v]^{(e)} = \int_0^L \{[H_1''(x)]C\}^T EI_z\{[H_1''(x)]C\}\mathrm{d}x + [K_{kv}] \tag{3-84}$$

$$[\overline{K_v}]^{(e)} = \lambda^T[K_v]^{(e)}\lambda \tag{3-85}$$

其中，

$$\lambda = \begin{Bmatrix} \lambda_0 & 0 & 0 & 0 \\ 0 & \lambda_0 & 0 & 0 \\ 0 & 0 & \lambda_0 & 0 \\ 0 & 0 & 0 & \lambda_0 \end{Bmatrix},\lambda_0 = \begin{Bmatrix} \cos\alpha & \sin\alpha & 0 \\ -\sin\alpha & \cos\alpha & 0 \\ 0 & 0 & 1 \end{Bmatrix}$$

由于杆系内各单元的局部坐标 x、y 的方向各不相同，在进行结构分析时，需要建立统一的总体坐标系。总体坐标系内的杆单元如图3-8所示。总体坐标系用 $\bar{x}$、$\bar{y}$ 表示，前面已得到局部坐标系 x、y 内的单元特性矩阵，可通过式（3-85）转换得到其在总体坐标系内的表达式，最后形成结构刚度矩阵，详细过程可参考清华大学王瑁成（2003）的相关论述。另外，角钢塔的构件之间采用角钢单面连接的方式进行组合，形成总刚时单元之间还存在偏心问题，需要引入相应的转换矩阵来处理，具体方法可参考李正良（1999）博士论文第四章的研究内容。

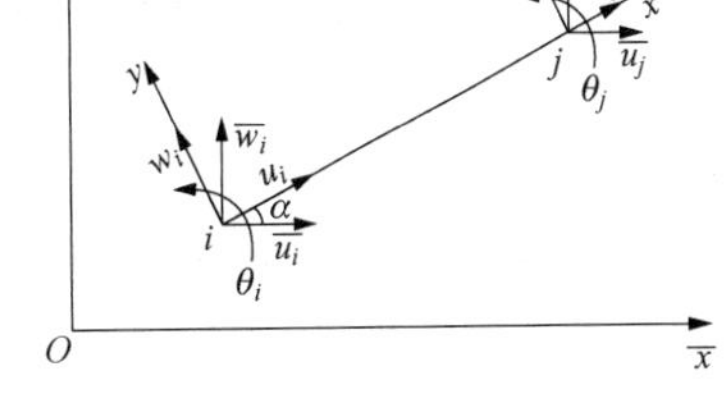

图3-8　总体坐标系内的杆单元

第4章　钢管—插板连接的K型节点有限元分析

节点极限承载力的研究主要包括试验研究和理论研究两方面。其中，试验研究是最直接有效的方法，它通过对节点试件的加载，观察节点试件在外荷载作用下的变形以及应力、应变发展过程，获得节点破坏时的真实形态以及节点极限承载力，然后通过大量试验资料的统计分析，得出经验公式，该方法是节点承载力设计公式建立的一种基本方法，但是由于试验成本和加载设备的限制，使得试验资料不可能覆盖工程节点实际尺寸的各个范围，故试验研究有其局限性。目前，以数值计算为主的理论研究成了另一种重要的研究途径，而近年来计算机硬件水平的飞速提高，使得有限元分析法成为节点理论分析研究的主流。本章对插板连接K型节点极限承载力的研究就是以有限元分析作为主要的研究方法。

到目前为止，对于插板节点极限承载力的研究还不多见，设计人员还没有相应的技术规范可循，这在一定程度上约束了这种节点的应用。同时，对钢管插板节点在受力时可能引起主钢管局部屈曲的问题的研究尚未成熟，目前还没有专门的方法来估计该类节点的极限承载力。为此，尚需要通过大量模型的计算，用数值方法和试验方法相结合，并加以拓展以得到一些有利于工程应用的结论。本文由于时间、试验设备和经费等原因所限，未能展开相关试验，而在上一节点的试验研究分析的基础上，并参阅相关文献后，展开对插板节点的数值分析的工作。设计时为简化起见，输电塔中所有杆件仅考虑受轴向力作用。在插板连接节点中，支管通过节点板栓接于主管，导致连接处主管表面承受面内弯矩和剪力作用，该附加弯矩和剪力会引起较大的局部应力，在节点板端部附近产生应力集中。本节所要研究的是由节点板栓接引起的弯矩和剪力对节点承载能力的影响，并做出若干参数分析。

4.1　钢管—插板连接K型节点承载力分析

4.1.1　有限元模型适应性验证

利用有限元程序ANSYS对K型钢管—插板连接节点进行弹塑性大变形分析，研究节点的应力分布情况和极限承载力。为了方便得到节点的应力—应变分布规律，有限元模型分析采用4节点四边形壳单元shell181来模拟节点板、钢管和加强板，如图4-1所示。节点加载示意如图4-2所示，主管一端按固定支座考虑，另外一端为仅有沿主管轴线方向位移的固定支座。两支管端部边界为滑动铰支座，仅允许沿管轴线方向有位移，约束径向位移。加载方式与试验相同。有限元分析时，材料选取Q345，钢材的应力—应变关系根据材性试验得到，材料应力—应变关系模型如图4-3所示，泊松比取0.3，忽略自重的影响。构件材料参数见表4-1。

表4-1　　构件材料参数

试件编号		屈服强度（MPa）	抗拉强度（MPa）	弹性模量（$\times10^5$N/mm²）	伸长率（%）
U3	U301	350.22	506.80	1.925	37.2
	U302	360.62	488.75	1.977	36.4
	U303	337.36	484.25	1.804	36.0
	平均值	349.40	493.27	1.902	36.5
S4	S401	378.54	510.11	2.006	38.0
	S402	359.25	497.07	1.943	38.2
	S403	364.98	479.78	1.918	37.6
	平均值	367.59	495.65	1.956	37.9

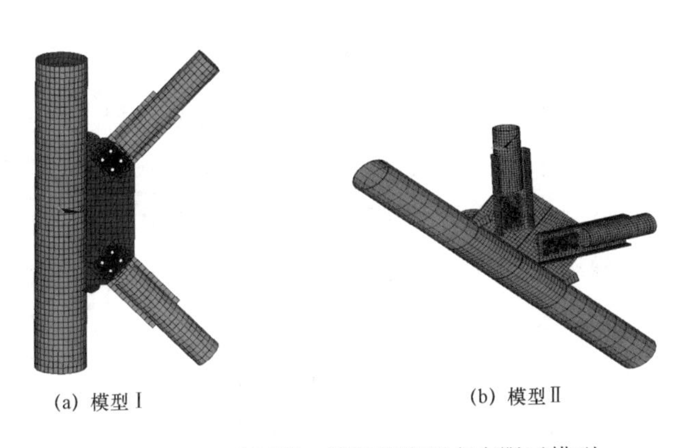

图4-1　K型钢管—插板连接节点有限元模型

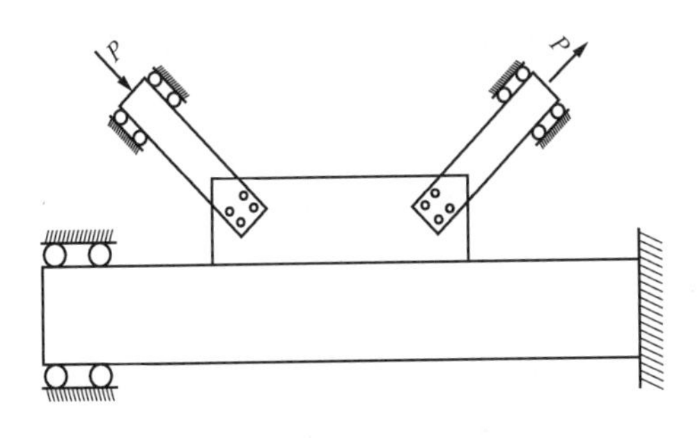

图4-2　节点加载示意图

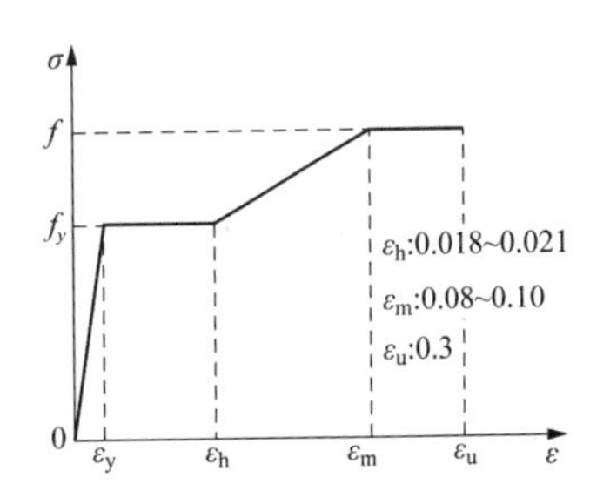

图4-3　材料应力—应变关系模型

荷载—变形曲线如图 4-4 所示。

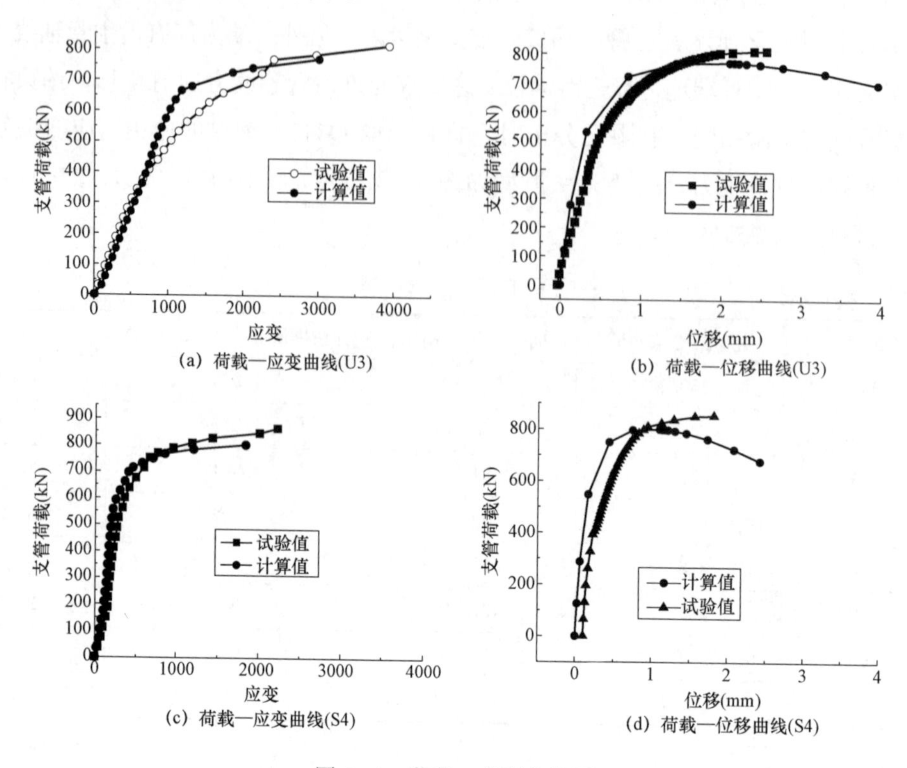

图 4-4 荷载—变形曲线图

从图 4-4 来看，试验结果和有限元计算结果的趋势是比较一致的，试件模型的计算曲线中位移值均不同程度的小于试验值，考虑到试验过程中实际边界条件并不能达到分析模型中的理想状态，试验加载采用手动和机械液压千斤顶施压，千斤顶的数据标定和油压稳定性难以控制，静态应变仪本身存在灵敏度问题，每级荷载需要记录的应变数量比较大，持续时间比较长，仪器读数容易发生漂移且百分表与测点不能完全垂直等导致位移测量的误差，但这一差值基本可以接受。模拟分析的材料应力应变曲线模型与试件钢板的本构关系存在一定的误差，使得壳体模型的计算值与试验结果存在差别，但两者相差不大。试验曲线和壳体模型分析曲线显示的屈服荷载基本相同。总体上看，本文建立的有限元模型可以比较准确的反应节点的受力性能和破坏特性，可用于此类节点的大规模参数分析。

4.1.2 钢管—插板连接的 K 型节点承载力影响参数分析

由主管控制的节点承载力的各参数的影响曲线如图 4-5～图 4-7 所示。在进行参数分析时，选取主管直径 D=219mm，主管壁厚 t=4mm。从图中可以看出，主管直径 D 和壁厚 t 对承载力的影响很显著，几乎成指数增加，其他参数对承载力的影响不是很显著。B/D 对主管控制的 K 型节点承载力的影响较大。

通过节点不同破坏模式下参数的影响分析可以看出，当无加强环板时节点承载力由主管控制的情况下几何参数 B、D 和 t 对节点承载力有显著影响；在有加强环板的情况下几何参数 D 和 t 对节点承载力有显著影响。可以发现，此时节点的极限破坏模式是主管塑性屈服的不断扩展直至变形过大伤失承载力所致。因此，破坏与主管的塑性扩展程度有关，也就是说与主管的厚度有关，钢管外径的大小直接影响着主管进入塑性的起始点，因为其管径越大，主管外径周长截面上的应力越低。当节点承载力由环板控制时，几何参数 R 和 t_r 是影响节点承载力大小的主要因素，但是主管的几何变化也同时影响加强环板的径向应力及其破坏形态。因此，此时主管直径和厚度对节点承载力的大小也有一定的影响。

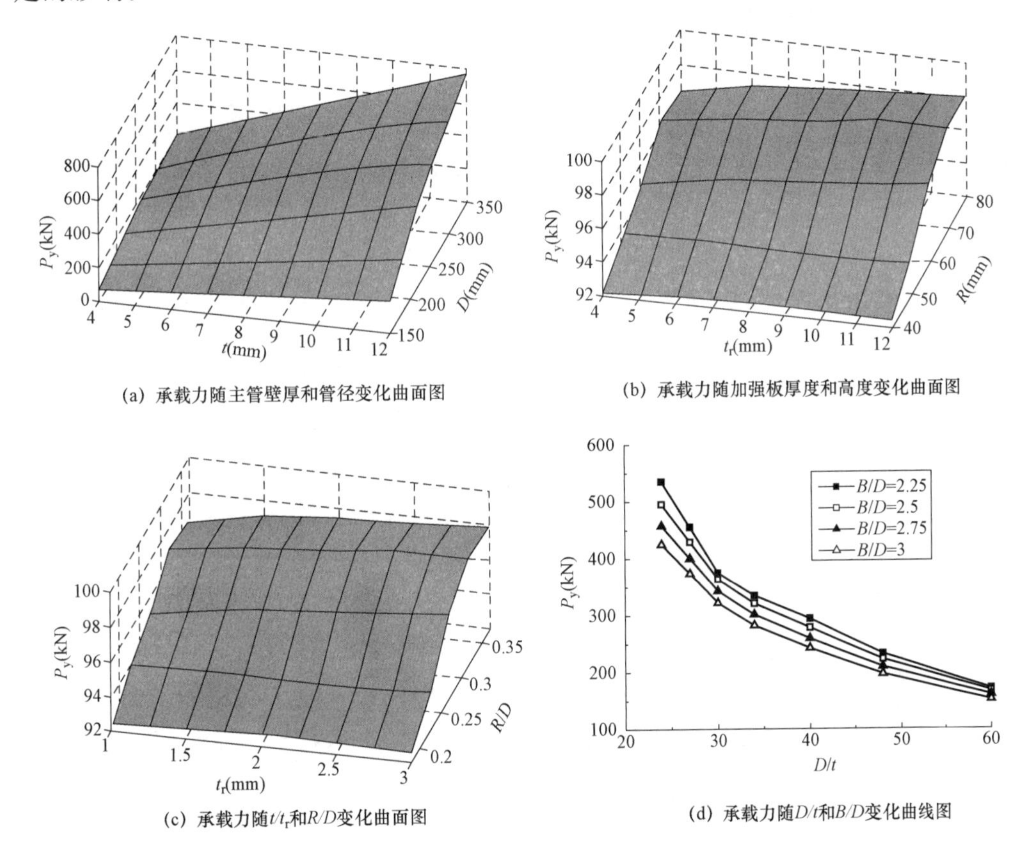

图 4-5　节点承载力随各参数的变化曲线（1/4 环形加强板）

t_r—加强板厚度；R—加强板高度；P_y—局部屈服承载力

4.1.3　主管轴向荷载和主管管壁剪力对节点承载力的影响

节点的主要失效模式为主管在与节点板相交处的过度塑性变形和加强环板的屈服，主管自身的受荷情况对节点的承载力影响较大，日本铁塔制作基准中对不同加强板情况给出了统一的折减系数计算方法，本节将针对不同加强板的情况进行大量的有限元分析，研究主管所受轴力对节点局部承载力的影响。当考虑主管轴向荷载时，考察节点的极限承载力，按双向加载分析，即首先对主管施加轴向荷载至某一指定荷载值，然后对支管加载，获得节点在主管轴力作用下的极限承载力。

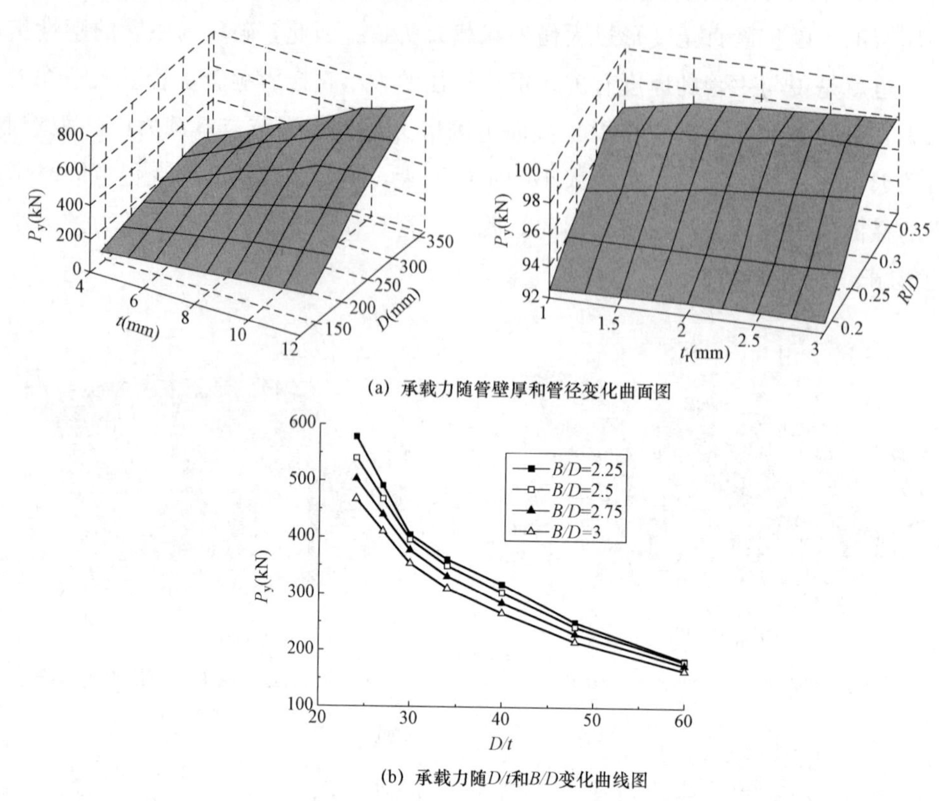

(a) 承载力随管壁厚和管径变化曲面图

(b) 承载力随D/t和B/D变化曲线图

图 4-6 节点承载力随各参数的变化曲线（1/2 环形加强板）

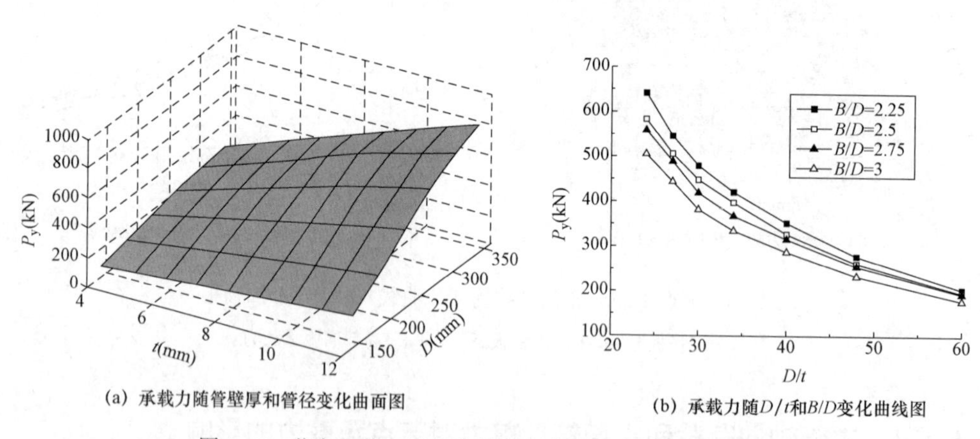

(a) 承载力随管壁厚和管径变化曲面图

(b) 承载力随D/t和B/D变化曲线图

图 4-7 节点承载力随各参数的变化曲线（全圆环加强板）

图 4-8～图 4-10 为主管轴向荷载对 K 型节点承载力的影响曲线，图 4-8～图 4-10（a）和（b）为环形加强板高度 R=80mm，环形加强板厚度 t_r=12mm 时，在主管轴向荷载作用下节点承载力折减系数随 D/t、B/D 的变化趋势。图 4-8～图 4-10（e）和（f）为

主管直径 D=219mm，加强环板厚度 t_r=6mm 时，在主管轴向荷载作用下节点承载力折减系数随 D/t、B/D 的变化趋势。其中，承载力折减系数是有轴向荷载作用下节点局部屈曲承载力与无轴向荷载作用下节点局部屈曲承载力之比；轴力比率是主管轴向荷载与主管截面完全屈服轴向荷载之比。由图 4-8～图 4-10 可知，主管轴向压力明显降低了节点极限承载力，这是因为主管轴向压力的存在，将会促进节点局部变形的增大，节点强度将随主

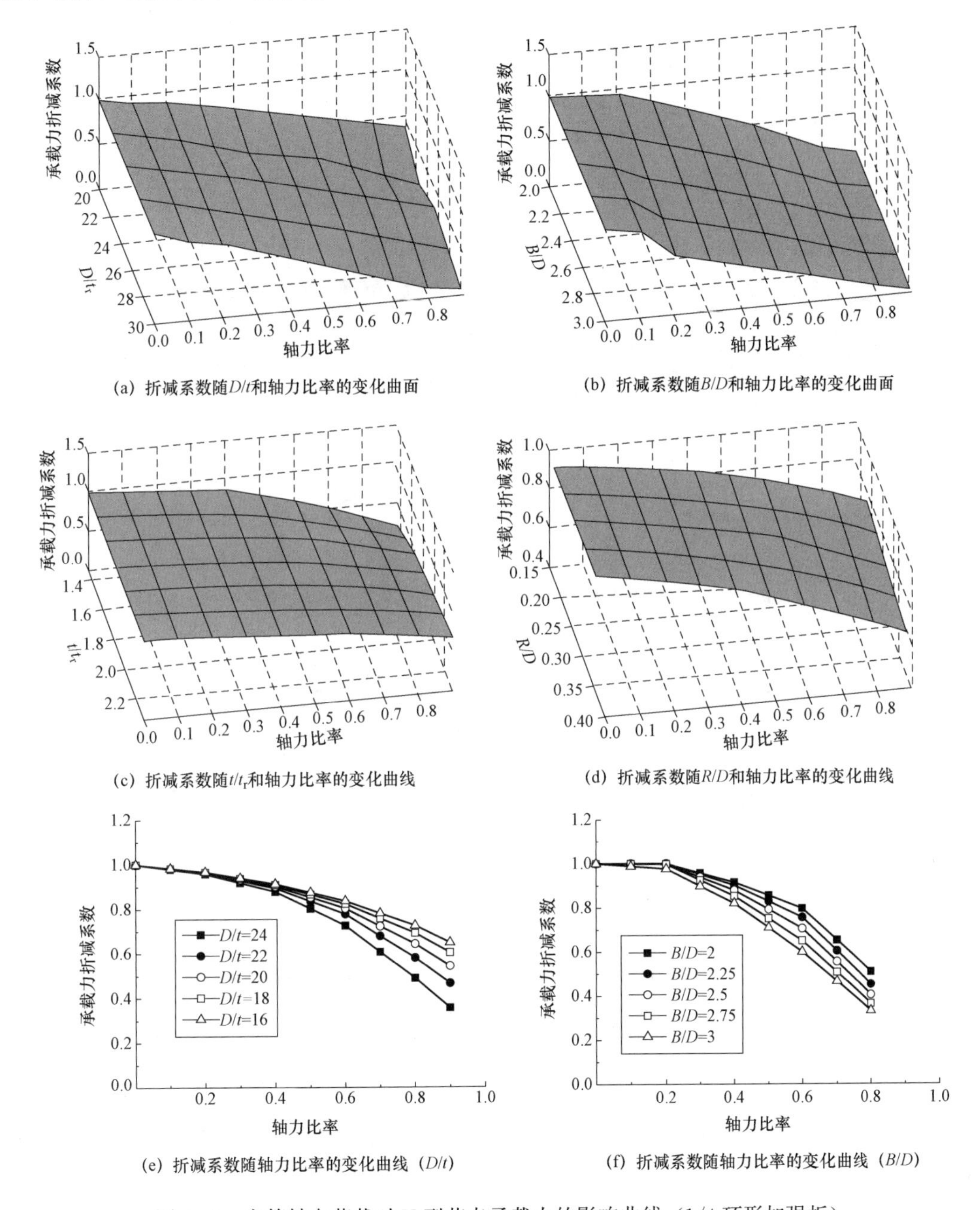

(a) 折减系数随D/t和轴力比率的变化曲面

(b) 折减系数随B/D和轴力比率的变化曲面

(c) 折减系数随t/t_r和轴力比率的变化曲线

(d) 折减系数随R/D和轴力比率的变化曲线

(e) 折减系数随轴力比率的变化曲线（D/t）

(f) 折减系数随轴力比率的变化曲线（B/D）

图 4-8　主管轴向荷载对 K 型节点承载力的影响曲线（1/4 环形加强板）

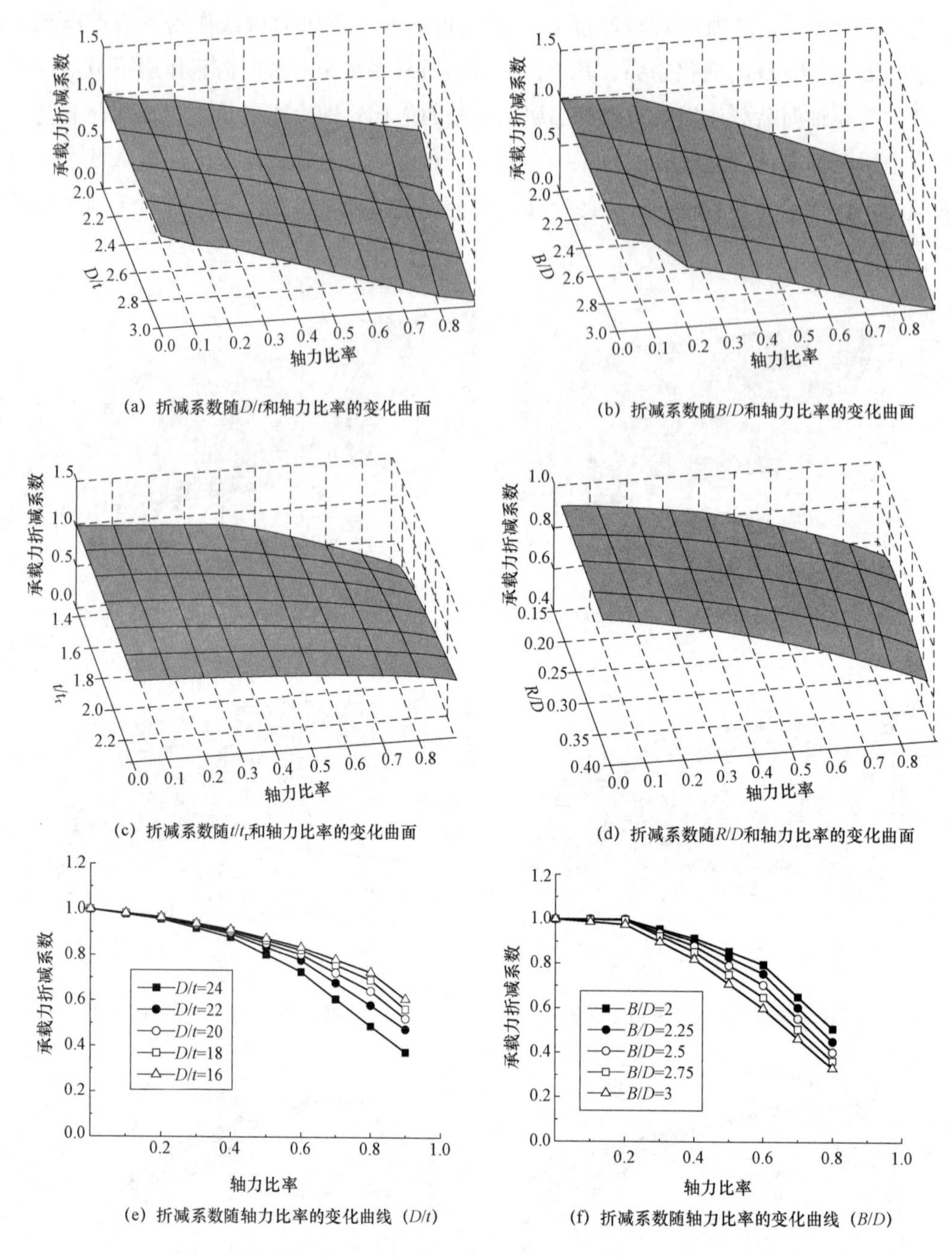

(a) 折减系数随D/t和轴力比率的变化曲面

(b) 折减系数随B/D和轴力比率的变化曲面

(c) 折减系数随t/t_r和轴力比率的变化曲面

(d) 折减系数随R/D和轴力比率的变化曲面

(e) 折减系数随轴力比率的变化曲线（D/t）

(f) 折减系数随轴力比率的变化曲线（B/D）

图 4-9　主管轴向荷载对 K 型节点承载力的影响曲线（1/2 环形加强板）

管压应力的提高而显著降低。当主管受拉时，轴向拉力使节点的局部变形有所减小，节点强度略有提高（约提高 1%～2%），但若主管拉应力较大以至接近钢材屈服强度时，节点强度又会有所降低，只是相对于轴向压力而言，下降的幅度较小，所以主管有轴拉荷载时，可不考虑节点承载力的提高。

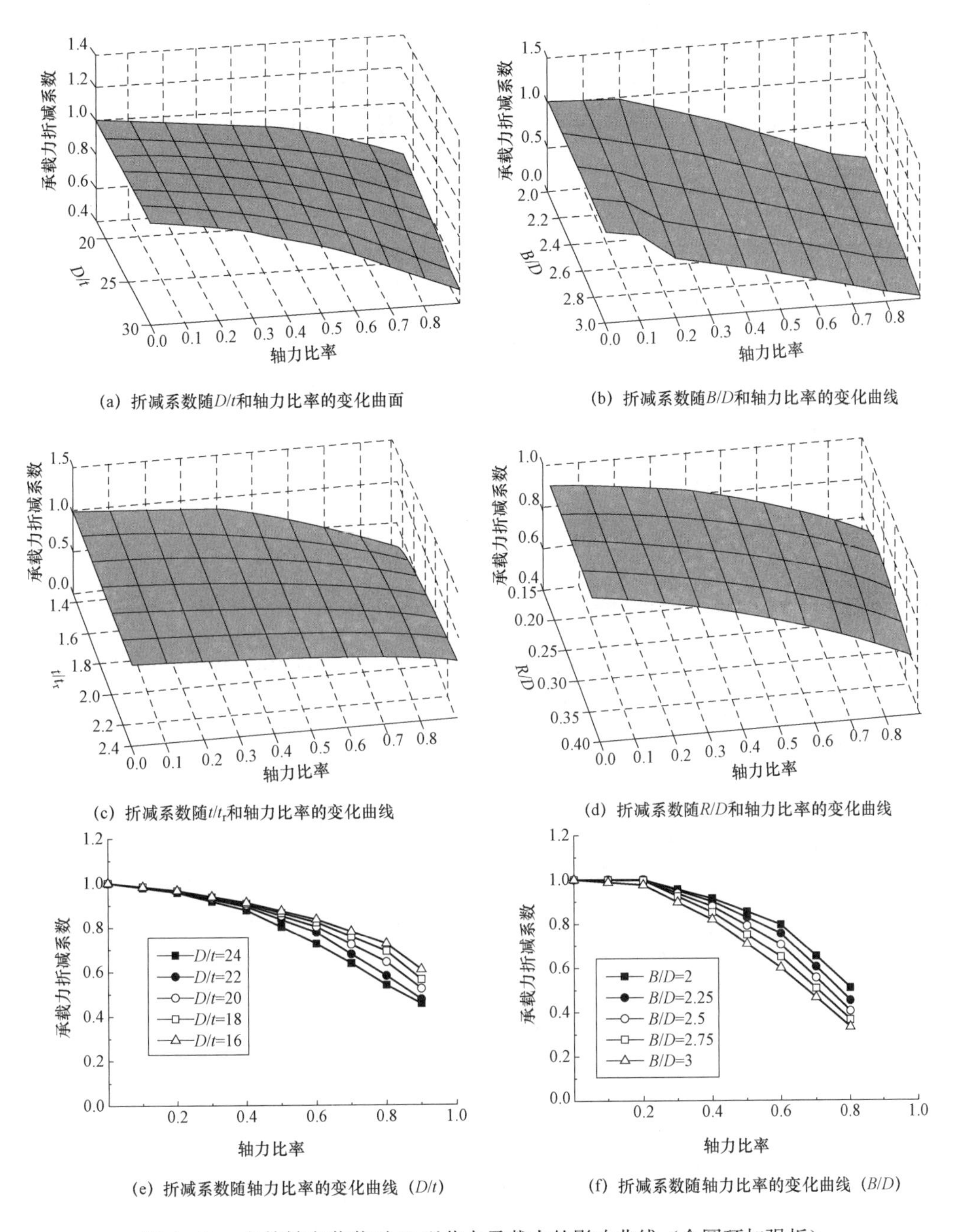

(a) 折减系数随D/t和轴力比率的变化曲面

(b) 折减系数随B/D和轴力比率的变化曲线

(c) 折减系数随t/t_r和轴力比率的变化曲线

(d) 折减系数随R/D和轴力比率的变化曲线

(e) 折减系数随轴力比率的变化曲线（D/t）

(f) 折减系数随轴力比率的变化曲线（B/D）

图 4-10　主管轴向荷载对 K 型节点承载力的影响曲线（全圆环加强板）

4.2　节点板受力性能参数分析

4.2.1　有限元模型的验证

基于壳单元的壳体模型，在模拟板结构，特别是薄板结构时更加有效。本文通过壳体模型对节点的受力机理进行研究，并与试验结果进行比较。有限元的加载方式与试验相同，边界条件、材料的本构关系形式和单元的类型均与第二章有限元分析相同。泊松比为0.3，构件材料参数见表4-2。本节将从3个方面对有限元分析结果与试验结果进行比较：①节点板极限承载力；②节点板薄弱部位及破坏模式；③节点板的变形。

表4-2 构件材料参数

试件编号		屈服强度(MPa)	抗拉强度(MPa)	弹性模量($\times10^5$N/mm^2)	伸长率(%)
C4S	CS401	357.48	516.76	2.025	36.9
	CS402	350.16	518.24	1.965	36.0
	CS403	350.92	500.33	1.984	36.0
	平均值	352.85	511.78	1.991	36.3
U586	U501	380.26	512.38	2.006	38.2
	U502	368.74	527.44	1.966	37.2
	U503	368.22	500.78	1.989	37.0
	平均值	372.41	513.53	1.987	37.5

根据第二章有限元非线性分析中节点的建模方法，对构件C4S和U586的计算结果与其试验结果进行了比较，如图4-11和图4-12所示。

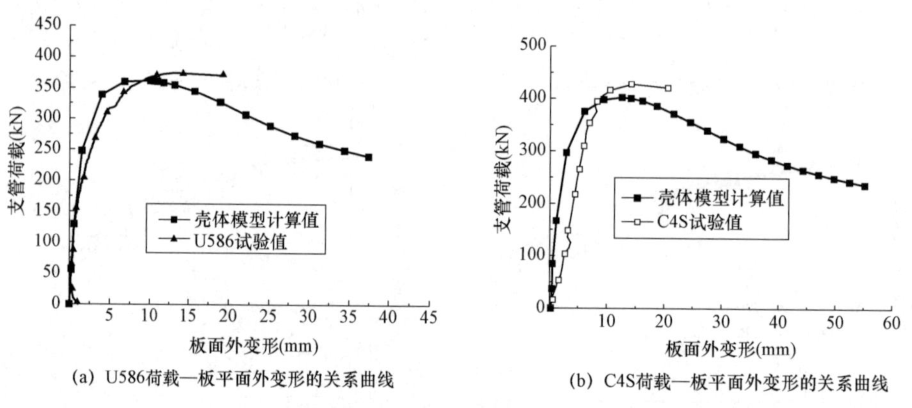

(a) U586荷载—板平面外变形的关系曲线
(b) C4S荷载—板平面外变形的关系曲线

图4-11 荷载—板平面外变形的关系曲线

从图4-11和图4-12可以看出，壳体模型的模拟结果较好，虽然用于数值模拟分析的材料应力—应变曲线模型与试件钢板的实际本构关系存在一定的误差，试件在加工及安装等过程中产生的误差也使得实际加载状态与有限元分析模型存在误差，使得壳体模型的计算值与试验结果存在差别，但两者相差不大。试验曲线和壳体模型分析曲线显示的屈服荷载基本相同，进入屈服后变形趋势也基本吻合。因此，可选用壳体模型作为后续参数分析的分析模型。

有限元模型的节点板沿其自由边l_1和l_2及轴心受压区中线l_3的平面外位移与试验值的对比如图4-13所示。从图中可以看出，有限元模拟节点板平面外变形趋势与试验测试结果是一致的，节点板自由边l_1和l_2及轴心受压区中线l_3的变形都表现为平面外位移逐渐增大，有

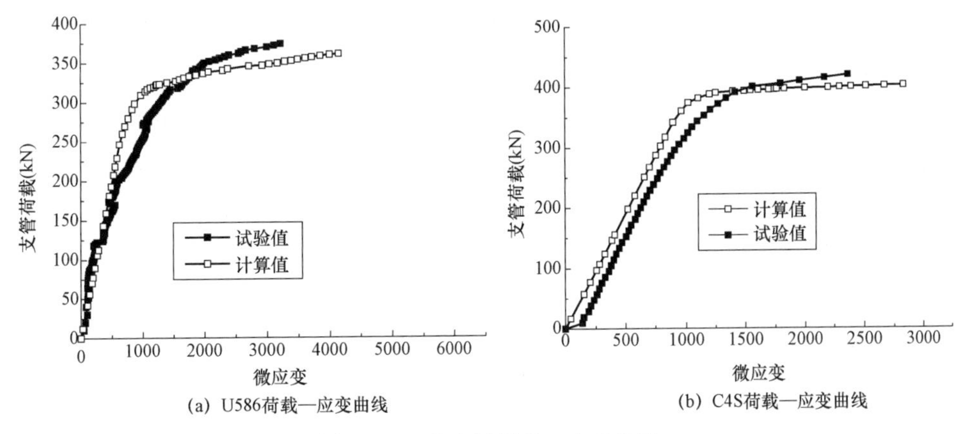

(a) U586荷载—应变曲线　　(b) C4S荷载—应变曲线

图 4-12　节点板荷载—应变曲线

明显的鼓屈现象，这表明节点板受压的破坏模式为板平面外的失稳破坏。

节点板平面外变形如图 4-14 所示。从图4-14可以看出，U 型和槽型连接节点板自由边的变形是不相同的。前者自由边变形为“S”型，后者自由边平面外变形与前者较类似。

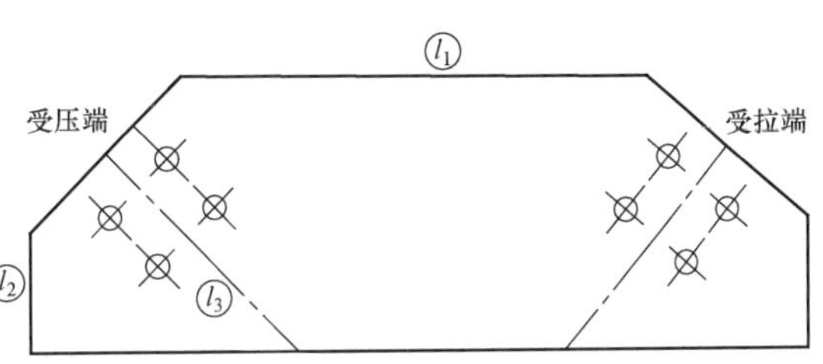

图 4-13　节点板自由边示意图

l_1、l_2—自由边；l_3—轴心受压区中线

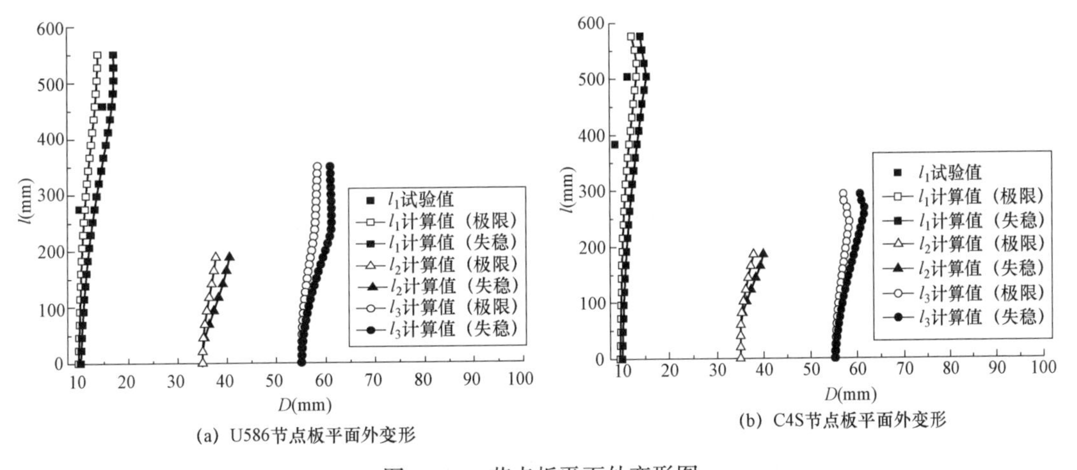

(a) U586节点板平面外变形　　(b) C4S节点板平面外变形

图 4-14　节点板平面外变形图

4.2.2　节点板受压性能的参数分析

4.2.2.1　节点板受压性能

节点板失稳的破坏形态有两种模式：①自由边 l_1 和 l_2 同时发生屈曲，即节点板整体屈曲（模式Ⅰ）；自由边 l_1 或 l_2 发生屈曲，即节点板局部屈曲（模式Ⅱ）。本研究选取了节点板厚度 T、环形加强板高度 R 和无支长度 C（受压斜腹杆连接肢端面中点沿腹杆轴线方向至主弦杆

的净距离）为研究参数，通过有限元分析模型，分别考察参数对节点板受力性能的影响。

节点板厚度对节点承载力的影响曲线如图 4-15 所示。

从图 4-15 中可以看出，随着节点板板厚的增加，其极限承载力也随之增大，几乎成线性增加趋势。在有环板的情况下，节点板的承载力较无加强环板的时候有显著增加，这主要是由于加强环板的存在加强了节点板受压区周边的约束效应，同时有效地减少了节点板受压区的有效长度和宽度，因此节点板端部加强环板的存在大大地提高了节点的承载力。

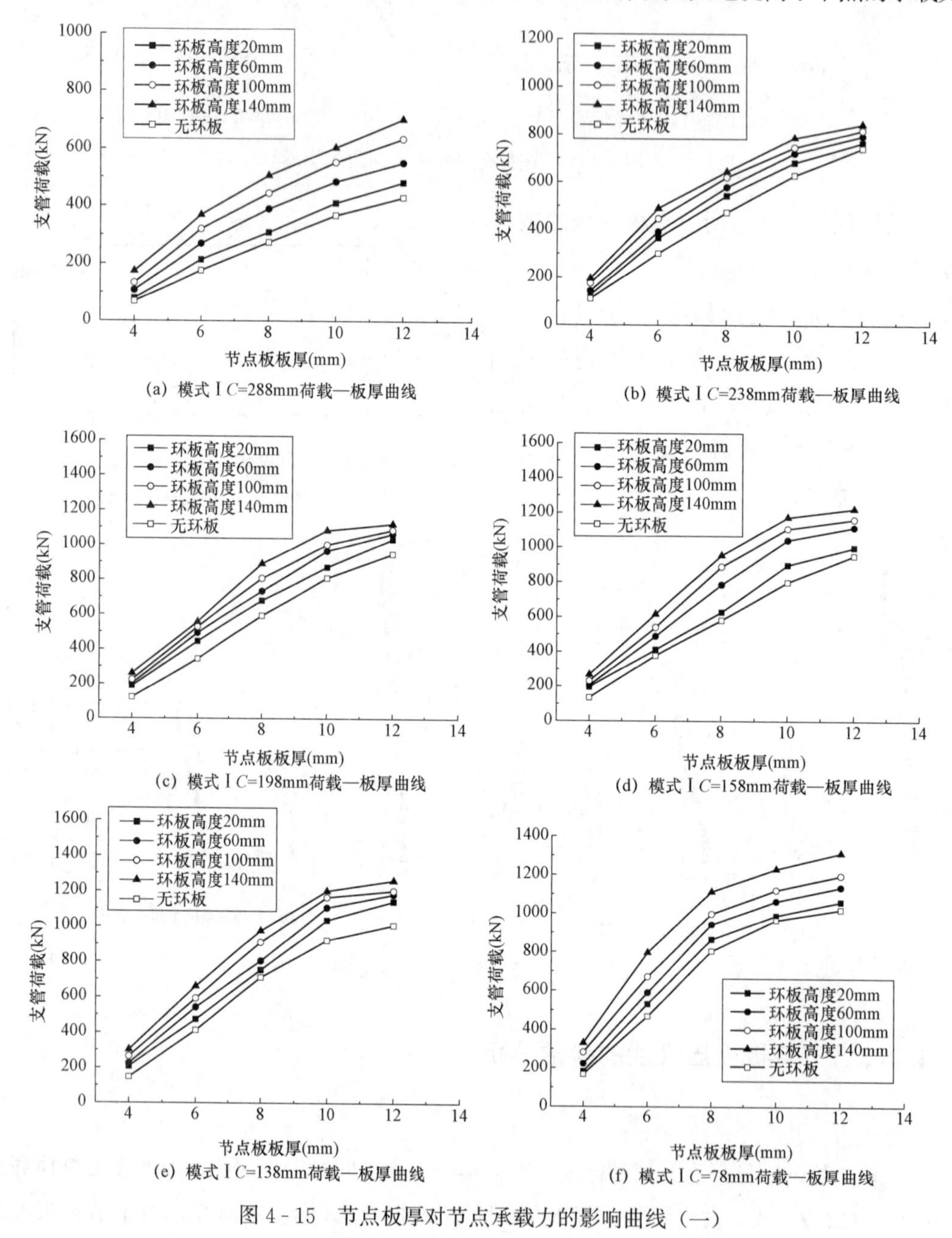

图 4-15 节点板厚对节点承载力的影响曲线（一）

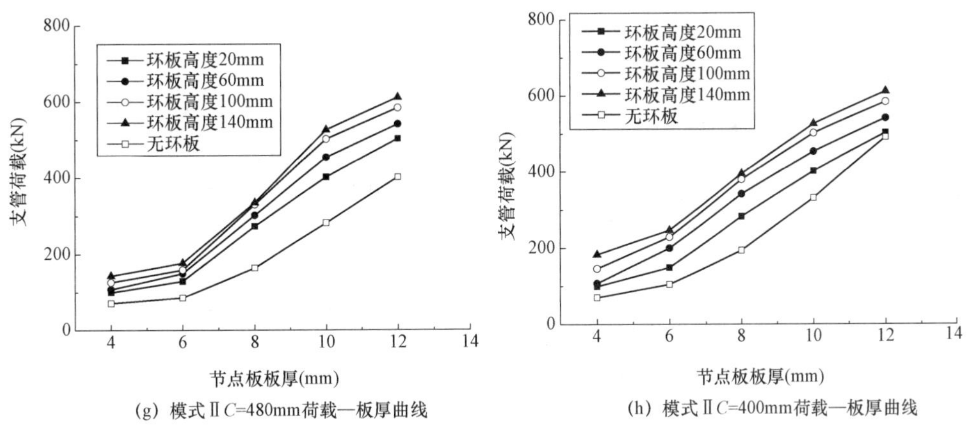

(g) 模式Ⅱ C=480mm荷载—板厚曲线　(h) 模式Ⅱ C=400mm荷载—板厚曲线

图 4-15 节点板厚对节点承载力的影响曲线（二）

另外，当加强环板高度 R 较大时，随着板厚的增加，节点板的极限承载力增长会变得缓慢，其主要原因是加强环板对节点板提供的约束较强，使得承受斜向受压腹杆传力的节点板有效受压区受到限制，因此在有效受压区几无变化的前提下，承受多向复杂外力的节点板承载力再无显著增长。

节点板承载力与无支长度的关系曲线如图 4-16 所示。

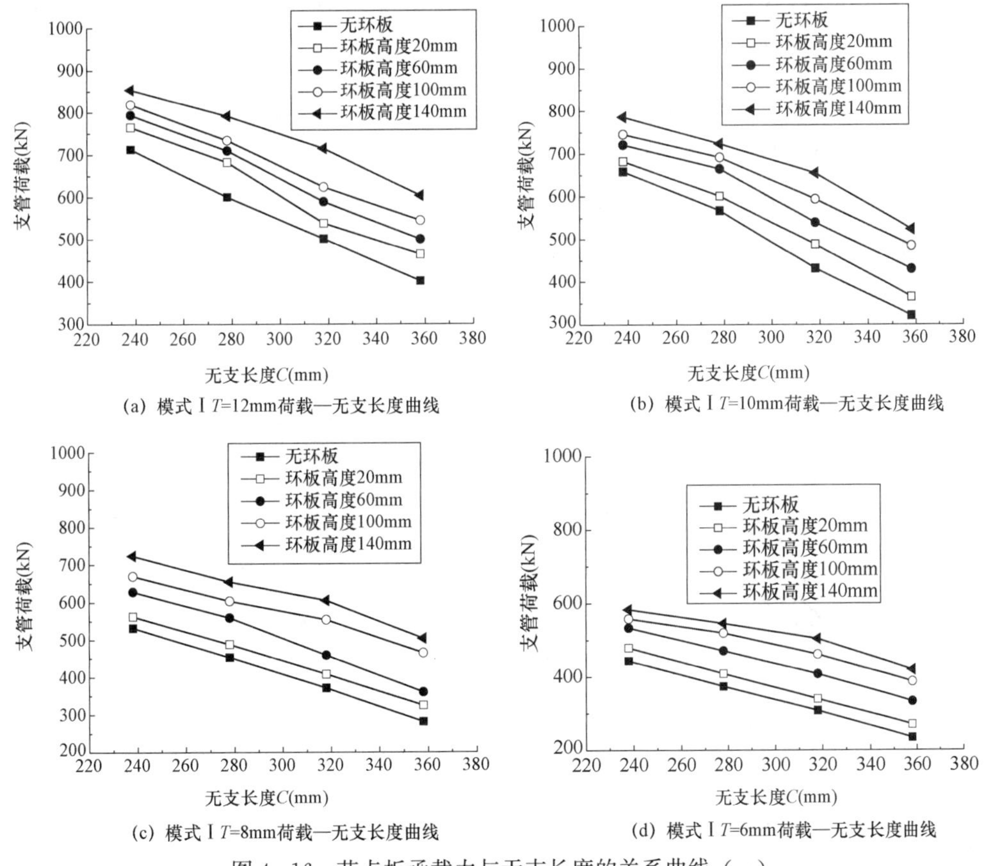

(a) 模式Ⅰ T=12mm荷载—无支长度曲线　(b) 模式Ⅰ T=10mm荷载—无支长度曲线

(c) 模式Ⅰ T=8mm荷载—无支长度曲线　(d) 模式Ⅰ T=6mm荷载—无支长度曲线

图 4-16 节点板承载力与无支长度的关系曲线（一）

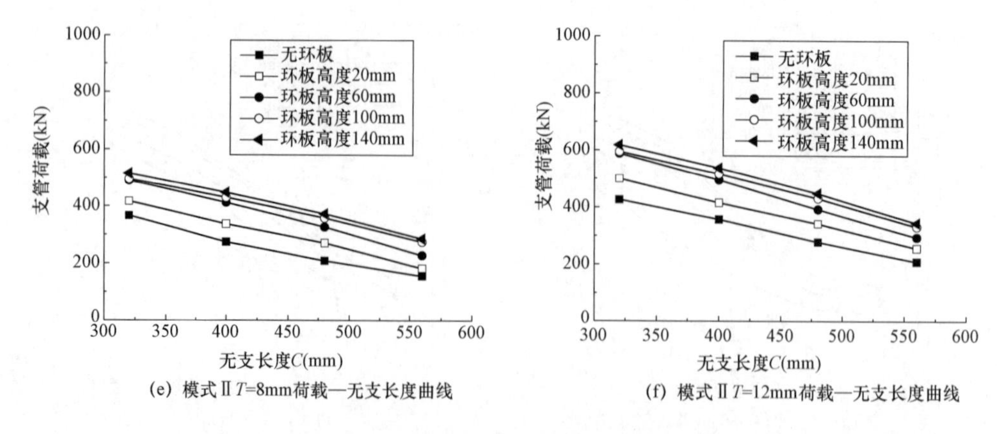

(e) 模式Ⅱ T=8mm荷载—无支长度曲线

(f) 模式Ⅱ T=12mm荷载—无支长度曲线

图 4-16 节点板承载力与无支长度的关系曲线（二）

从图 4-16 可以看出，在节点板有加强环板的情况下，节点板的承载力明显高于无加强板的情况，这是因为加强环板为节点板受压区提供了较强的边界约束。在节点板较薄时，这种影响较明显。但当节点板较厚时，随着无支边长度的减小节点板的受压承载力的增长幅度越来越小。出现这种趋势的原因在于板件较薄时节点板主要由稳定破坏控制，无支长度的减小将受压区有效长度和宽度降低，这就实现了承载力的显著增加。当无支长度很小时，节点板在杆件交汇处受力相当复杂，各杆件的传力影响使得节点板的破坏不再主要以抵抗受压斜杆传递的压力来控制，此时受压斜杆在节点板一侧的传力终端已接近或处于杆件的端部，这就使得节点板的高应力部位过于集中，从而导致承载力提高不大。

节点板承载力与节点板板厚的关系曲线如图 4-17 所示。

在实际 K 型节点中，十字插板连接是很受青睐的。主要是十字插板的抗弯能力很强，且安装方便，其构造形式如图 4-18 所示。

在对节点板十字加肋构造情况下，其节点板承载力与各参数的关系曲线如图 4-19 和图4-20所示。

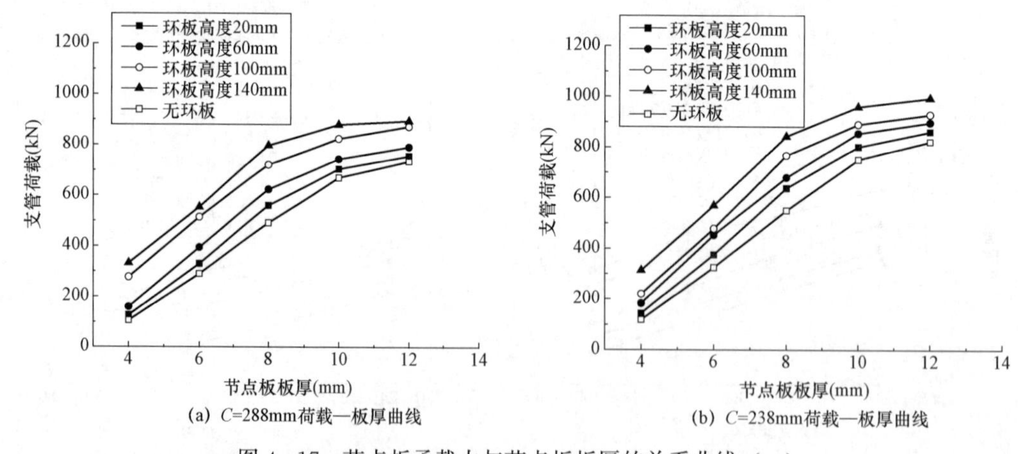

(a) C=288mm荷载—板厚曲线

(b) C=238mm荷载—板厚曲线

图 4-17 节点板承载力与节点板板厚的关系曲线（一）

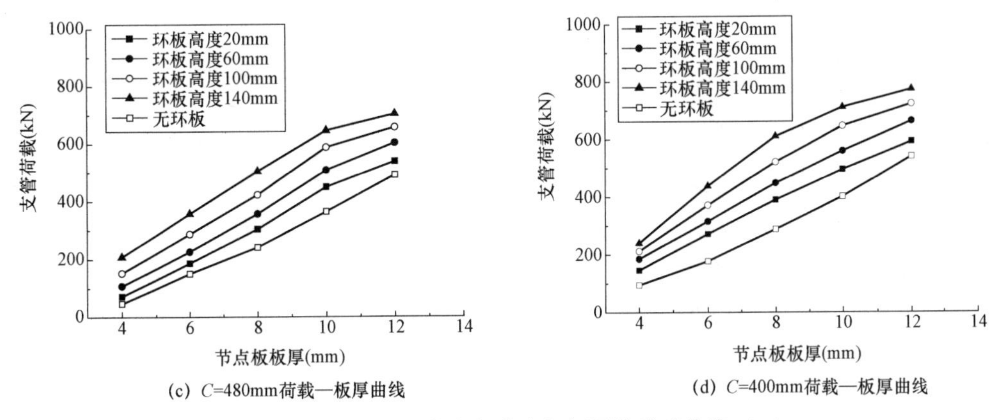

图 4-17 节点板承载力与节点板板厚的关系曲线（二）

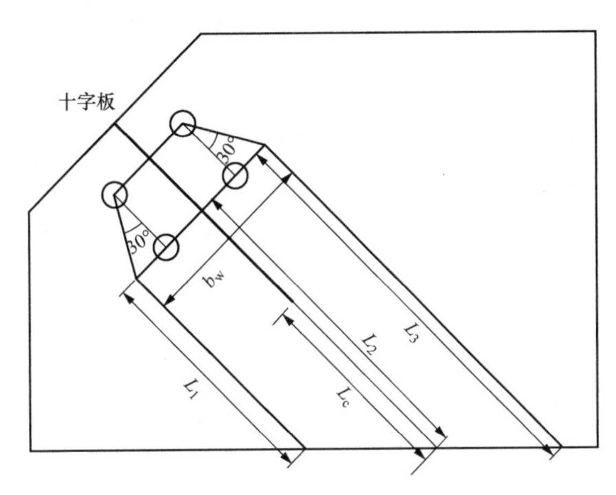

图 4-18 十字加肋示意图

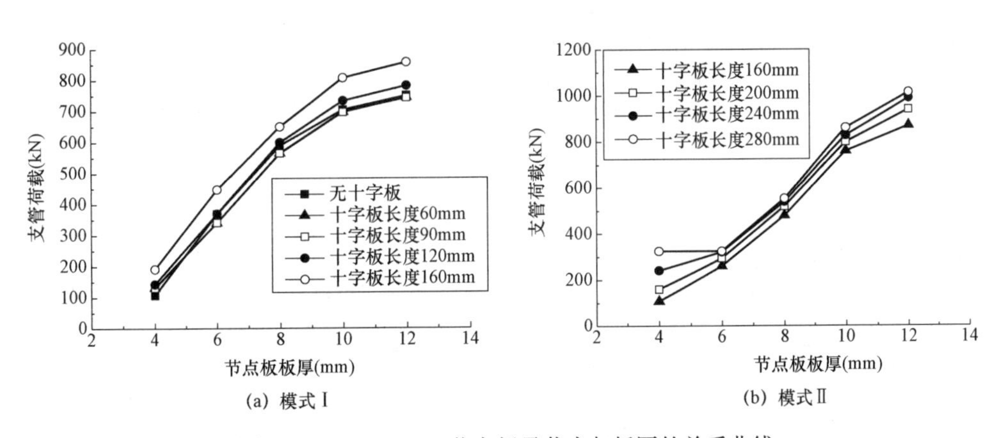

图 4-19 R=60mm 节点板承载力与板厚的关系曲线

从图 4-19 和图 4-20 可以看出，节点板承载力随着板厚的增加线性增加。在发生破坏模式Ⅰ的情况下，随着十字加肋长度的增加，节点板的承载力增加，十字加强肋大大地提高了节点板的承载力，当十字加肋板延长至节点板弯折线以内时，节点板承载力的提高更加显著。在发生破坏模式Ⅱ的情况下，随着十字加肋长度的增加，节点板的承载力增加

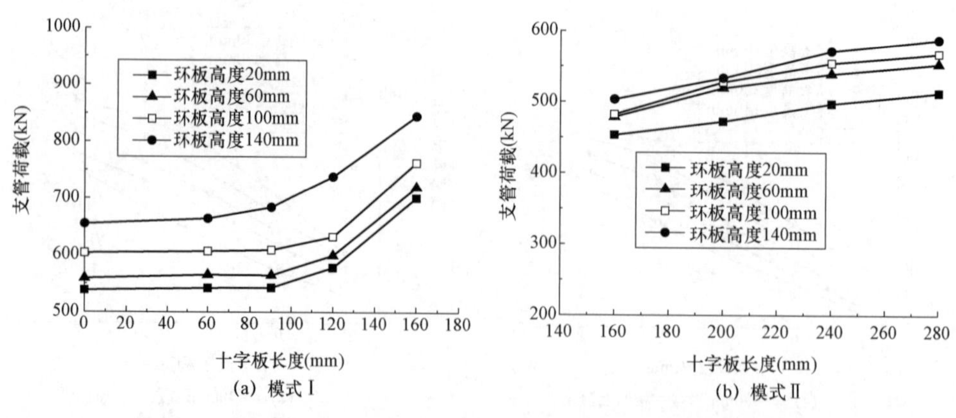

图 4-20 T=8mm 节点板承载力与十字加肋板长度的关系曲线

缓慢。主要是十字加肋长度较小时，节点板的破坏模式仍然是局部破坏模式，当十字加肋板伸入节点板弯折线以内后，节点板的破坏模式向材料的强度破坏模式转化。当十字加肋板长度小于最后一排螺孔形心距离斜边的长度时，承载力基本保持不变，在超出此长度以后，十字加肋板提高承载力很显著。

节点板承载力与无支长度的关系曲线如图 4-21 所示。

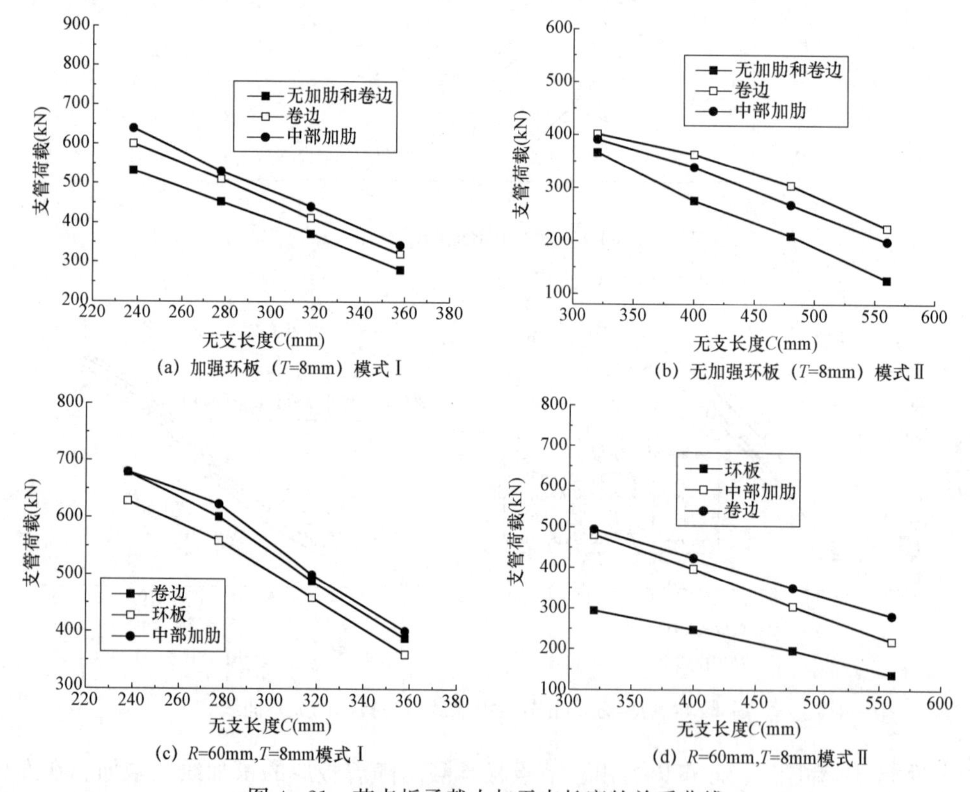

图 4-21 节点板承载力与无支长度的关系曲线

为了提高节点板的承载力，对节点板进行了加强，其主要措施有节点板中部加肋、对自由边 l_1 卷边和对节点板与插板连接部位设置十字加肋板。在节点板发生破坏模式Ⅰ的情况下，对节点板中部加肋或在沿着节点板受力方向设置十字加肋板能够大大地提高节点板的承载力；在节点板发生破坏模式Ⅱ的情况下，自由边卷边能够更好地提高节点板的承载力。

4.2.2.2　节点板受拉性能

通过有限元对影响节点板承载力最明显的因素进行参数分析。根据对拟分析的参数数值进行变化，建立起一系列用于分析研究的有限元参数模型，研究节点板的几何长度对节点板受力性能的影响。

节点板参数如图4-22所示。其中 a、b、c 的取值均满足《钢结构设计标准》（GB 50017—2017）的构造规定，所有试件 a=40mm，其模型材料均为Q345，材料的本构关系均与前节相同。

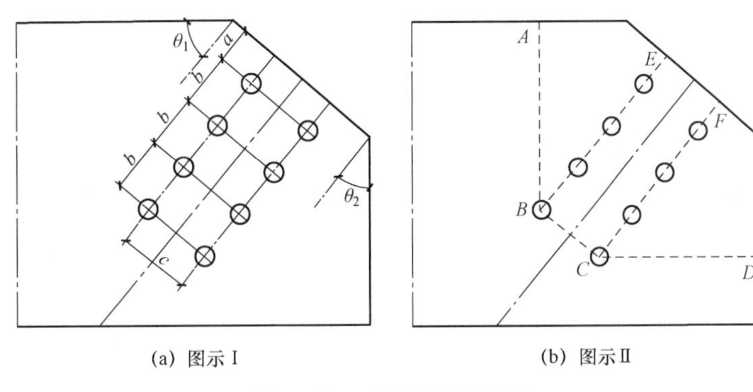

(a) 图示Ⅰ　　(b) 图示Ⅱ

图4-22　节点板参数图示

BC 区段净长度、板厚与承载力关系如图4-23所示。从图中可以看出，BC 区段净长度 c 对节点板极限承载力有显著影响，节点板的极限承载力随 BC 区段净长度增加而线性递增。从数值分析来看，节点板的破坏最先源于 BC 区段的拉断，因此 BC 的长度是决定节点板承载力的主要参数，BC 长度增大则 BC 区段的受拉面积增大，从而导致破坏荷载的提高。在满足螺栓孔距的构造要求前提下，增加垂直于受力方向的螺栓孔的孔间距（即模型的 BC 区段长度），可以有效地提高节点板的极限承载力。

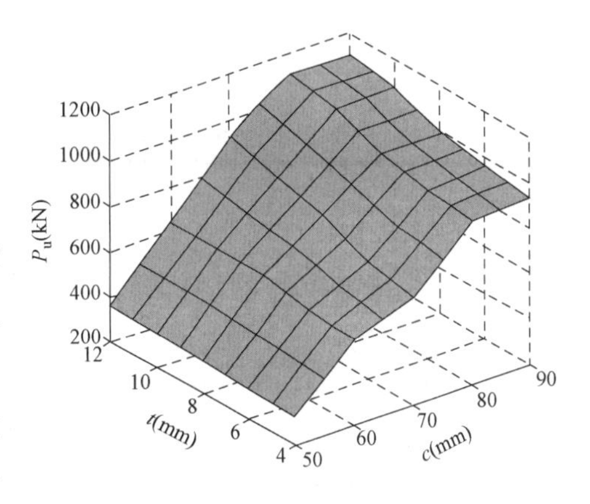

图4-23　T、c-P_u 关系曲面图

图4-24为顺受力方向螺栓孔间距 b 值和垂直于受力方向的螺栓孔间距 c 值对节点板极限承载力影响的曲面图。从图中可以知道，节点板承载力随 b 值的增大基本呈线性提高，且增加显著。b 值直接决定了受剪面的承载力大小，同时也间接地影响了拉裂区段的承载能力。总体来看，顺受力方向螺栓孔间距 b 值的大小，对节点板受拉剪状态下的极限承载力有显著的影响。

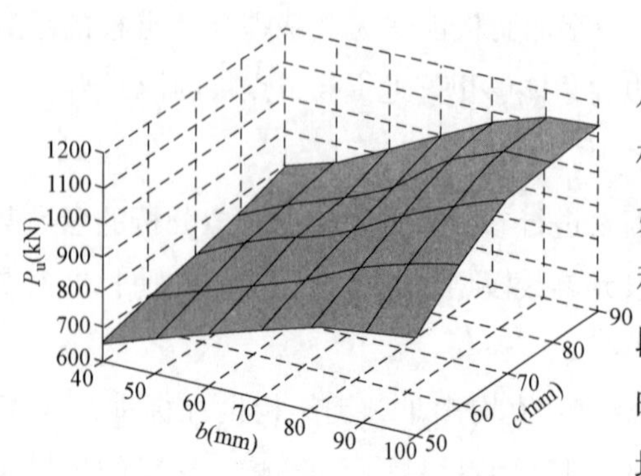

图 4-24 b、c-P_u 关系曲面图（T=8mm）

考察节点板形状改变对其受力性能的影响，从试件的参数设计来看，其实质就是分析节点板 AB、CD 段的长度改变与承载能力的关系。如图 4-25 所示，随着节点板两自由边角度 θ_1 和 θ_2 的增大，板上的受力薄弱区域从 $ABCD$ 区段逐渐向 $EBCF$ 区段转变。即当 θ_1 和 θ_2 较小时，节点板沿 $ABCD$ 断面拉裂破坏，当 θ_1 和 θ_2 增加到一定大小之后，节点板的破坏模式变为沿 $EBCF$ 区段的拉剪破坏。

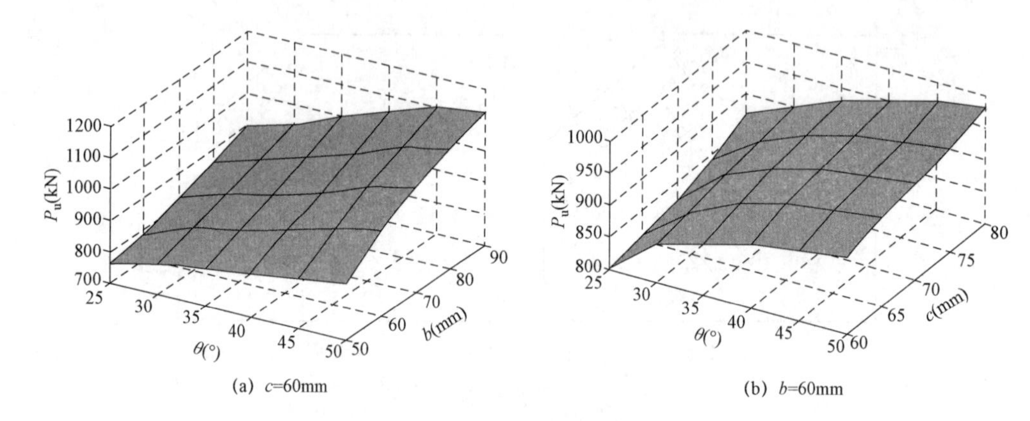

图 4-25 b（c），θ-P_u 关系曲面图（T=8mm）

4.3 负偏心对 K 型节点承载力影响参数分析

4.3.1 有限元模型验证

通过有限元建立了壳体模型，并与试验结果（C2PC-2）进行了对比，其材料本构关系曲线形式和单元模型与其他章节相同，构件材料参数如表 4-3 所示。钢材的屈服强度和抗拉极限强度与试件相同，钢材的泊松比为 0.3，材料各向同性。

表 4-3　构件材料参数

试件编号		屈服强度（MPa）	抗拉强度（MPa）	弹性模量（$\times10^5$N/mm^2）	伸长率（%）
C2PC-2	C2PC201	417.33	526.41	2.003	37.1
	C2PC202	420.16	528.38	1.978	36.5
	C2PC203	401.45	534.62	1.980	36.0
	平均值	412.98	529.80	1.987	36.5

主管轴力与应变曲线如图 4-26 所示。

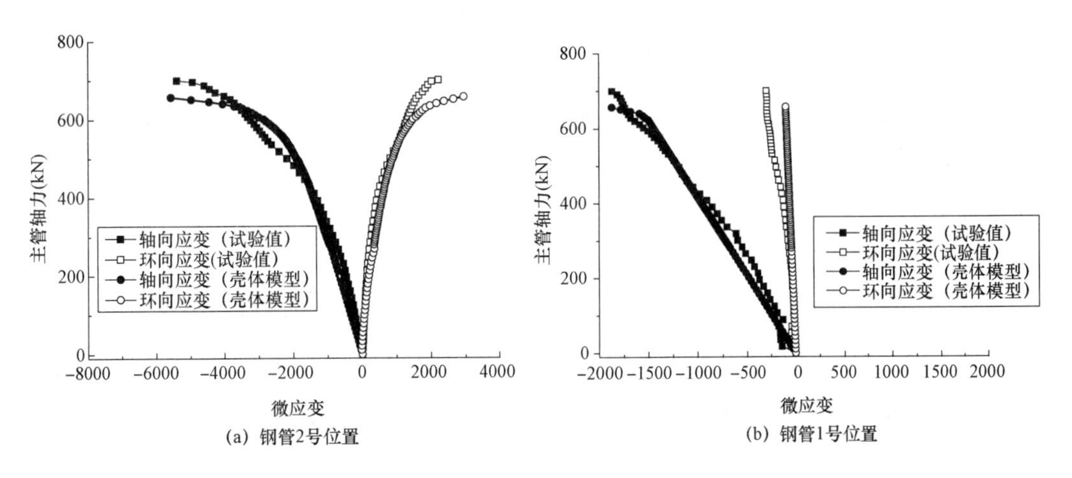

图 4-26 主管轴力与应变曲线图

从图 4-26 可以看出，实体模型计算值明显偏高，且壳体模型模拟的结果明显较好。试验曲线和壳体模型分析曲线显示的屈服荷载基本相同，进入屈服后变形趋势也基本吻合。从求解成本和考虑大量参数分析的可行性来看，实体模型效率不如壳体模型。壳体模型计算结果与试验结果的比较如表 4-4 所示。

表 4-4 试 验 结 果

编号	偏心距	P_1 (kN)	P_2 (kN)	主管长度 (mm)	f_y (MPa)	P_V (kN)	P_A (kN)	P_A/P_V
C1PC-1	$D/4$	150	150	4250	441.76	1108	1062	0.958
C1PC-2	$D/4$	250	250	4250	441.76	960	880	0.917
C1PC-3	$D/4$	350	350	4250	390.69	747	692	0.926
C2PC-1	$3D/8$	350	350	4250	390.69	670	623	0.930
C2PC-2	$3D/8$	350	350	4250	412.98	700	657	0.939
C2PC-3	$3D/8$	350	350	4250	412.98	710	657	0.925
U3PC-1	$D/4$	300	300	4250	427.95	730	700	0.959
U3PC-2	$D/4$	300	300	4250	427.95	745	700	0.940
U3PC-3	$D/4$	0	0	4250	412.98	1380	1312	0.951
SZX4-1	$D/4$	400	400	4250	397.99	690	643	0.932
SZX4-2	$D/4$	400	400	4250	428.92	740	680	0.919
SZX4-3	$D/4$	400	400	4250	428.92	720	680	0.944
平均值 0.937								
变异系数 0.015								

注 P_A为 Ansys 计算结果。

4.3.2 主管整体失稳控制的节点承载力影响参数分析

根据试验结果可以看出，在主管长径比比较大的情况下，主管可能发生整体失稳或局部屈曲破坏。本节通过有限元，在主管的整体失稳先于局部屈曲的情况下考察弯矩对主管承载力的影响程度。选取的有限元模型参数为主管直径 $D=219$mm，主管管壁 $t=6$mm，主管长度 $L=7500$mm，弯矩作用点以上钢管的长度与主管长度之比为 0.1。主管轴力、支管荷载和偏心率三者之间的曲面图如图 4-27 所示。

从图 4-27 可以看出，在支管荷载一定的情况下，主管承载力随着偏心率的增加而减小；在偏心率一定的情况下，主管承载力随着支管荷载的增加而减小，其减小幅度较大。可见在附加弯矩和主管轴力共同作用导致主管发生整体失稳的情况下，附加弯矩大大地降低了主管承载力。因此，附加弯矩对主管承载力的影响是不可忽视的。

主管轴力、主管长径比和偏心率三者之间的曲面图如图 4-28 所示。有限元分析模型为支管荷载 300kN，主管壁厚 $t=10$mm，弯矩作用点以上钢管的长度与主管长度之比为 0.1。

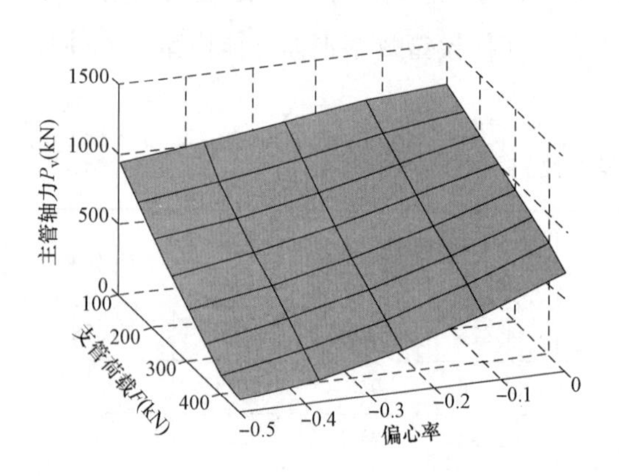

图 4-27 主管轴力、支管荷载和偏心率三者之间的曲面图

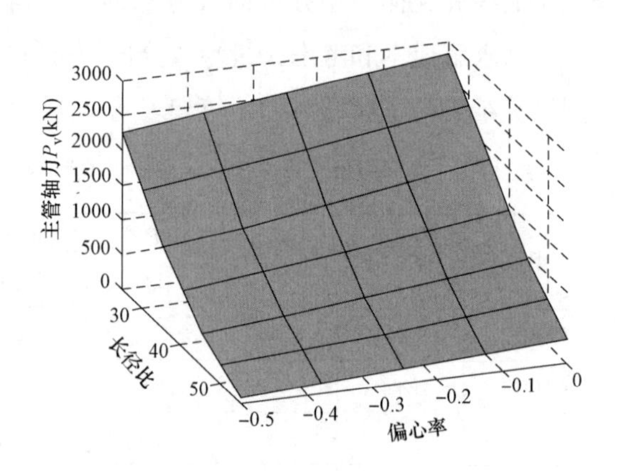

图 4-28 主管轴力、主管长径比和偏心率三者之间的曲面图

从图 4-28 可以看出，在支管荷载一定的情况下，主管承载力随着偏心率的增加而减小，其减小幅度较小；在偏心率一定的情况下，主管承载力随着长径比的增加而减小，其减小幅度较大，几乎呈指数变化。可见在附加弯矩和主管轴力共同作用导致主管发生整体失稳的情况下，附加弯矩大大地降低了主管承载力。因此，附加弯矩对主管承载力的影响是极不利的。

从有限元的分析中发现，弯矩施加在主管上的作用点对主管承载力是有一定的影响的。选取有限元分析模型主管直径 $D=219$mm，主管长度 $L=7500$mm，主管壁厚 $t=10$mm，支管荷载 300kN。弯矩作用位置、偏心率和主管轴力三者之间的曲面图如图 4-29 所示。

从图 4-29 可以看出，在偏心率一定的情况下，主管承载力随着弯矩作用点的变化而稍微下降，可见弯矩作用点对主管轴力的影响较小。

主管壁厚、偏心率和主管轴力三者之间的曲面图如图 4-30 所示。

从图 4-30 可以看出，在偏心率一定的情况下，主管承载力随着主管壁厚 t 的增加而增加；在主管壁厚一定的情况下，主管承载力随着偏心率的增加而线性降低。在支管荷载一定的情况下，主管壁厚和偏心率对主管轴力的影响很显著。

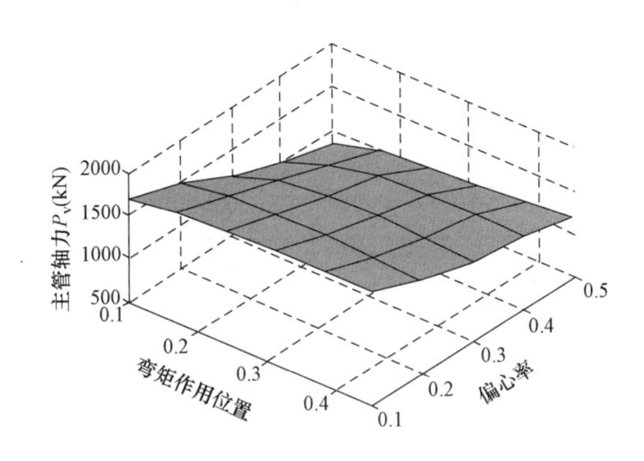

图 4-29　弯矩作用位置、偏心率和主管轴力三者之间的曲面图

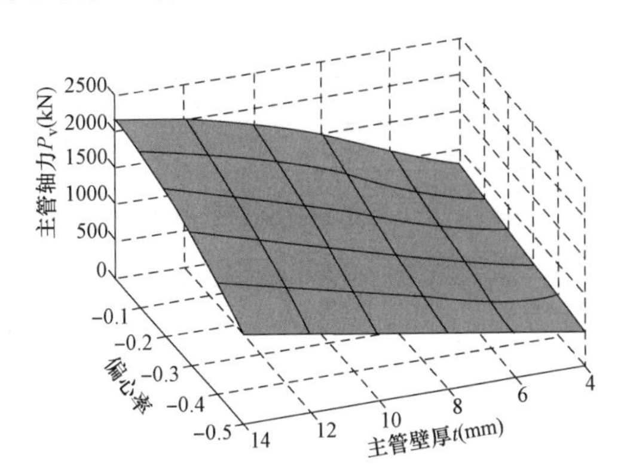

图 4-30　主管壁厚、偏心率和主管轴力三者之间的曲面图

4.4　钢管—插板连接 K 型节点半刚性性能参数分析

4.4.1　有限元模型的验证

节点初始转动刚度有限元值与试验值的对比如表 4-5 和表 4-6 所示，可以看到有限元值较试验值存在一定差异，这主要是因为有限元计算时模型的边界条件易于控制，外界干扰少，节点整体受力较现场试验会有所不同。而试验由于实验装置的原因，框架的重力、框架下端铰支座之间的摩擦力等均影响试验时所测节点刚度。在本文中，弯矩转角曲线的初始斜率由弯矩随转角的变化所确定。面内受框架影响较大，通过对框架进行重力计算以及框架铰间的摩擦力估算，可得极限承载力在试验中大约为 5～8kN·m，在前述 K1～K5 试验结果图中可以看到，在试验初期会有一端竖直线段，即为克服重力及摩擦力过程，故在以下面内刚度计算中已将该段数据扣除。面外加载时，由于插板与节点板间间隙以及框架铰支座摩擦力等原因，从 K6～K10 试验结果图中可以看到曲线初始也会有一段刚度较大阶段，在面外刚度计算中也已将该段数据扣除。

表 4-5　　节点初始转动刚度有限元值与试验值的对比［K1～K5（面内）］

试件编号	试验平均刚度值	有限元刚度值	试验平均刚度值/有限元刚度值
K1	12 868	10 641	120.93%

续表

试件编号	试验平均刚度值	有限元刚度值	试验平均刚度值/有限元刚度值
K2	18 346	14 970	122.55%
K3	7998	8442	94.74%
K4	13 935	15 391	90.54%
K5	8758	7025	124.66%
平均值 110.68%			
标准差 14.84%			
变异系数 13.41%			

表 4-6　节点初始转动刚度有限元值与试验值的对比［K6～K10（面外）］

试件编号	试验平均刚度值	有限元刚度值	刚度试验值/刚度计算值
K6	255	215	118.60%
K7	357	328	108.84%
K8	230	205	112.20%
K9	260.5	235	110.85%
K10	189.5	186	101.88%
平均值 110.47%			
标准差 5.40%			
变异系数 4.89%			

试验和有限元节点弯矩—转角曲线对比如图 4-31 所示。刚度单位均为 kN·m/rad。

K1～K5（面内）：在弹性阶段，有限元的 $M-\theta$ 曲线和试验结果基本吻合；在塑性阶段，有限元计算所得 $M-\theta$ 曲线刚度下降较快，使得有限元所得节点极限弯矩较试验值偏低。这主要是因为有限元模型中高强螺栓的本构是按规范值取的，比实际强度可能偏低，从而限制了有限元模型的抗弯承载力，另外，框架重力等也会影响试验时抗弯承载力大小。各节点有限元所得 $M-\theta$ 曲线和试验结果基本吻合，故有限元模型能够较准确反映节点的半刚性性能，可以将来用于参数分析。

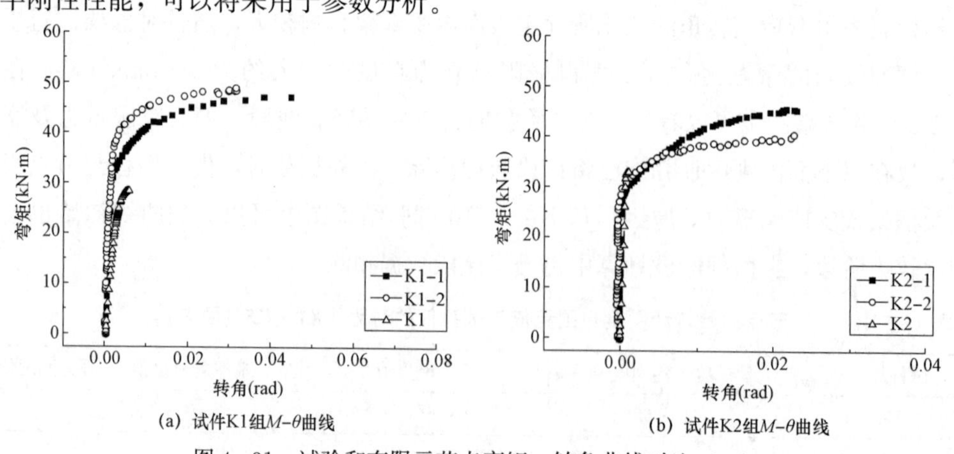

图 4-31　试验和有限元节点弯矩—转角曲线对比（一）

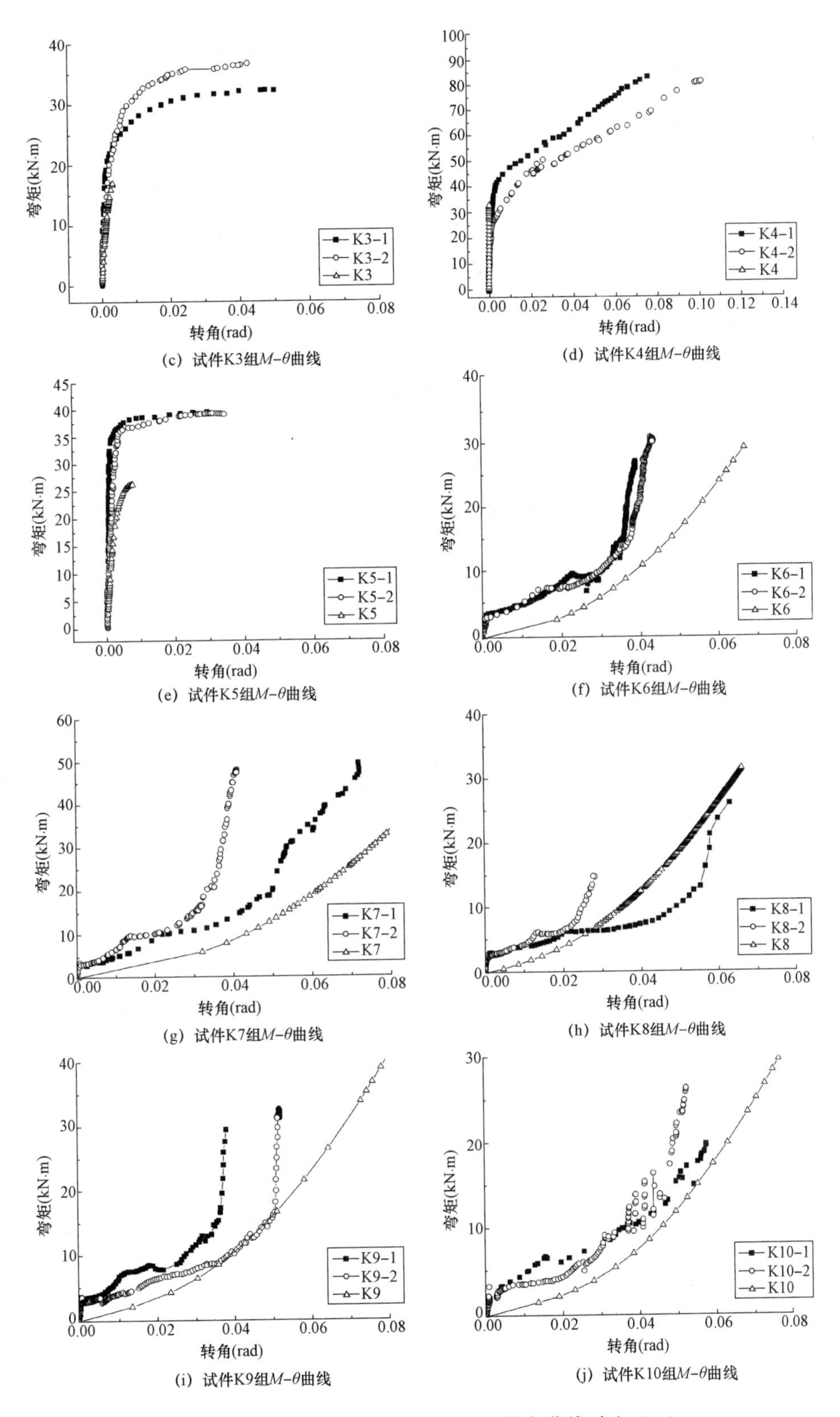

图4-31　试验和有限元节点弯矩—转角曲线对比（二）

K6～K10（面外）：在弹性阶段，有限元的 $M-\theta$ 曲线和试验结果基本吻合，但由于试验装置及位移计的量程等的局限性，无法对极限弯矩进行试验与有限元之间的比较，但是各节点有限元所得 $M-\theta$ 曲线和试验结果在前期的刚度的吻合很好。故有限元模型能够较准确反映节点的性能，可以将来用于参数分析。

4.4.2 C型插板连接参数分析

C型插板—节点板连接节点（K型）构造形式独特，影响其半刚性性能的因素很多，如螺栓个数、节点板厚度、C型插板厚度、斜材规格、主材规格等。由于试验样本的数量有限，难以对以上各个因素逐一研究，从而影响我们对此类节点系统全面的认识。因此借助经试验校核后的有限元模型进行参数分析是进一步研究所必需的。

参数分析时螺栓等级取8.8级，变化主材规格为φ480×6、φ480×8、φ480×10、φ480×12、φ480×14；变化斜材规格为φ114×4、φ127×4、φ159×5、φ180×5、φ194×5；变化主材节点板厚度为8、10、12、14mm；变化斜材C型插板厚度为6、8、10、12mm；螺栓个数3、6、9、12；钢材强度235、355、420、460MPa，面内面外各18个，共计36个典型节点。分析工况如表4-7所示，考察以上各因素对节点半刚性特性的影响。

表4-7 节点有限元模型分析工况（C型插板）

序号	主材规格（mm）	斜材规格（mm）	连接角度	插板、节点板厚（mm）	连接螺栓	钢材强度（MPa）	备注
1	φ480×10	φ159×5	45°	$-8H$、$-10H$	6M20	Q355	标准组
2	φ480×10	φ159×5	45°	$-8H$、$-10H$	3M20	Q355	变化螺栓数量
3	φ480×10	φ159×5	45°	$-8H$、$-10H$	9M20	Q355	
4	φ480×10	φ159×5	45°	$-8H$、$-10H$	12M20	Q355	
5	φ480×10	φ127×4	45°	$-8H$、$-10H$	6M20	Q355	变化斜材规格
6	φ480×10	φ114×4	45°	$-8H$、$-10H$	6M20	Q355	
7	φ480×10	φ194×5	45°	$-8H$、$-10H$	6M20	Q355	
8	φ480×10	φ180×5	45°	$-8H$、$-10H$	6M20	Q355	
9	φ480×10	φ159×5	45°	$-6H$、$-8H$	6M20	Q355	变化插板、节点板厚度
10	φ480×10	φ159×5	45°	$-10H$、$-12H$	6M20	Q355	
11	φ480×10	φ159×5	45°	$-12H$、$-14H$	6M20	Q355	
12	φ480×6	φ159×5	45°	$-8H$、$-10H$	6M20	Q355	变化主材规格
13	φ480×8	φ159×5	45°	$-8H$、$-10H$	6M20	Q355	
14	φ480×12	φ159×5	45°	$-8H$、$-10H$	6M20	Q355	
15	φ480×14	φ159×5	45°	$-8H$、$-10H$	6M20	Q355	
16	φ480×10	φ159×5	45°	$-8H$、$-10H$	6M20	Q420	变化钢材强度
17	φ480×10	φ159×5	45°	$-8H$、$-10H$	6M20	Q460	
18	φ480×10	φ159×5	45°	$-8H$、$-10H$	6M20	Q235	

主材规格ϕ 480×10；斜材规格ϕ 159×5、主材节点板厚度为10mm、斜材C型插板厚度为8mm、钢材强度355MPa时，变化螺栓颗数对各节点面内初始转动刚度的影响如图4-32所示。

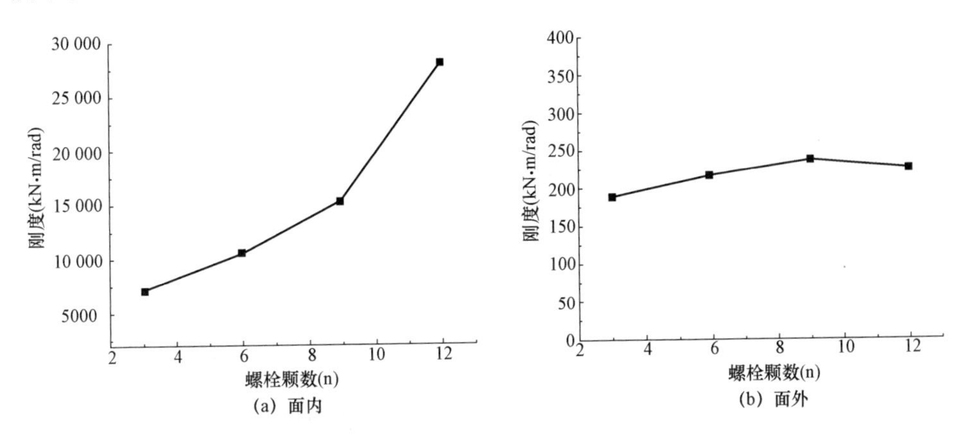

图4-32　螺栓颗数对初始刚度的影响

螺栓颗数为6颗的面内初始转动刚度比螺栓颗数为3颗的增大50.74%，螺栓颗数为9颗的初始转动刚度比螺栓颗数为6颗的增大45.34%，螺栓颗数为12颗的初始转动刚度比螺栓颗数为9颗的增大82.30%。变化螺栓颗数对节点面外初始转动刚度的影响很小，是因为在本节点中，施加面外剪力的过程中，螺栓仅起到连接主材节点板及斜材C型插板作用，当连接作用足够时，改变其数量基本不会影响初始刚度的大小。

斜材规格对面外转动刚度的影响如图4-33所示。斜材规格对面内转动刚度的影响斜材规格为ϕ 127×4的面外初始转动刚度比斜材规格为ϕ 114×4的增大10.0%；斜材规格为ϕ 159×5的面外初始转动刚度比斜材规格为ϕ 127×4的增大2.87%，斜材规格为ϕ 180×5比斜材规格为ϕ 159×5的面外初始转动刚度减小6.98%，斜材规格为ϕ 194×5比斜材规格为ϕ 180×5的面外初始转动刚度增大5.50%。

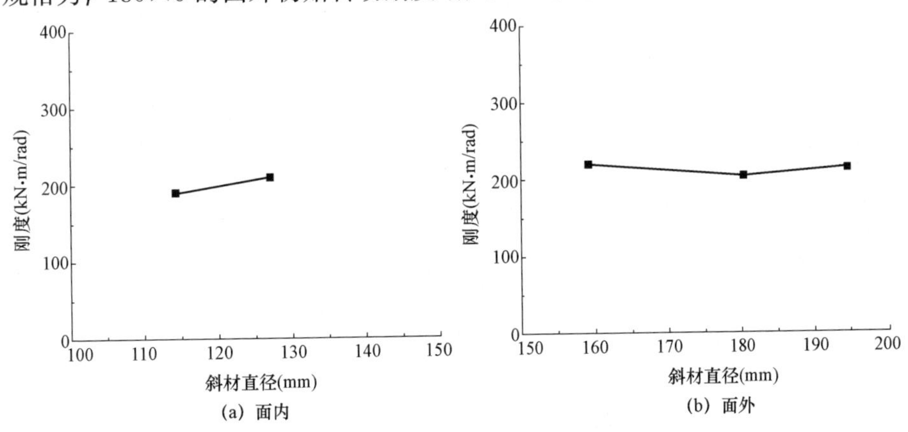

图4-33　斜材规格对面外转动刚度的影响

主材规格ϕ 480×10、斜材规格ϕ 159×5、钢材强度355MPa、螺栓颗数为6颗时，变化主材节点板厚度与斜材C型插板厚度对各节点面内初始转动刚度的影响如图4-34所示。

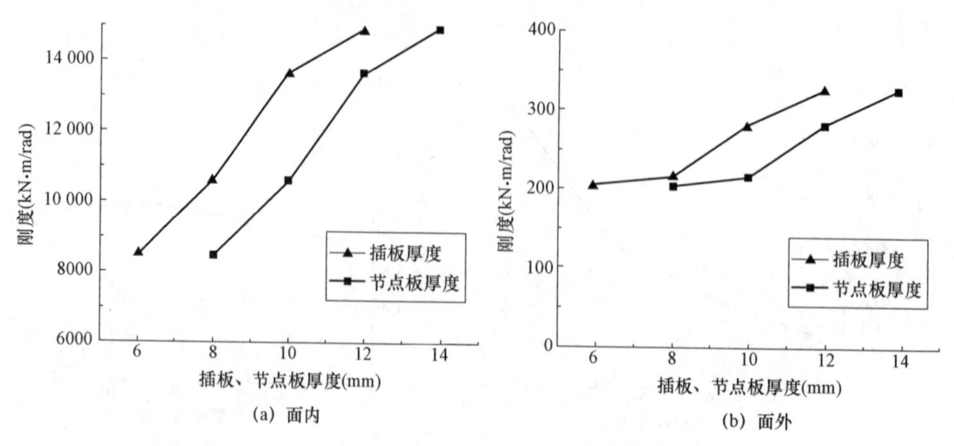

图4-34 插板和节点板厚度对初始刚度的影响

以主材节点板厚度8mm与斜材C型插板厚度6mm作为参照标准：主材节点板厚度10mm与斜材C型插板厚度8mm的面内初始转动刚度比主材节点板厚度8mm与斜材C型插板厚度6mm的面内初始刚度增大25.44%，主材节点板厚度12mm与斜材C型插板厚度10mm的面内初始转动刚度比主材节点板厚度10mm与斜材C型插板厚度8mm的面内初始刚度增大29.16%，主材节点板厚度14mm与斜材C型插板厚度12mm的面内初始转动刚度比主材节点板厚度12mm与斜材C型插板厚度10mm的面内初始刚度增大9.45%。

以主材节点板厚度8mm与斜材C型插板厚度6mm作为参照标准：主材节点板厚度10mm与斜材C型插板厚度8mm的面外初始转动刚度比主材节点板厚度8mm与斜材C型插板厚度6mm的面外初始刚度增大4.88%，主材节点板厚度12mm与斜材C型插板厚度10mm的面外初始转动刚度比主材节点板厚度10mm与斜材C型插板厚度8mm的面外初始刚度增大31.16%，主材节点板厚度14mm与斜材C型插板厚度12mm的面外初始转动刚度比主材节点板厚度12mm与斜材C型插板厚度10mm的面外初始刚度增大16.31%。

主材规格ϕ 480×10、主材节点板厚度为10mm、斜材C型插板厚度为8mm、钢材强度355MPa、螺栓颗数为6颗时，变化斜材规格对各节点面内初始转动刚度的影响如图4-35所示。

斜材规格为ϕ 127×4的面内初始转动刚度比斜材规格为ϕ 114×4的增大7.53%，斜材规格为ϕ 159×5的面内初始转动刚度比斜材规格为ϕ 127×4的增大3.23%，斜材规格为ϕ 180×5比斜材规格为ϕ 159×5的面内初始转动刚度增大11.81%，斜材规格为ϕ 194×5比斜材规格为ϕ 180×5的面内初始转动刚度增大2.46%。

斜材规格对面外转动刚度的影响如图4-36所示。斜材规格为ϕ 127×4的面外初始转动刚度比斜材规格为ϕ 114×4的增大10.0%，斜材规格为ϕ 159×5的面外初始转动刚度比斜材规格为ϕ 127×4的增大2.87%，斜材规格为ϕ 180×5比斜材规格为ϕ 159×5的面

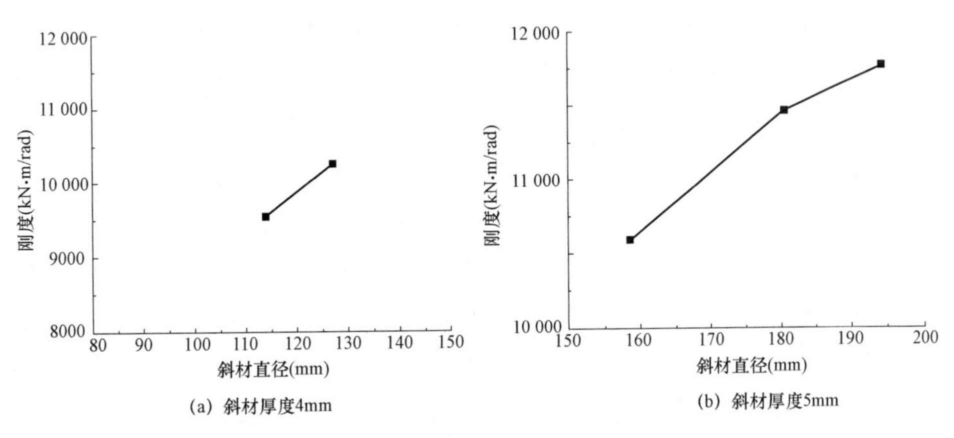

图 4 - 35　斜材规格对面内转动刚度的影响

外初始转动刚度减小 6.98%，斜材规格为ϕ 194×5 比斜材规格为ϕ 180×5 的面外初始转动刚度增大 5.50%。

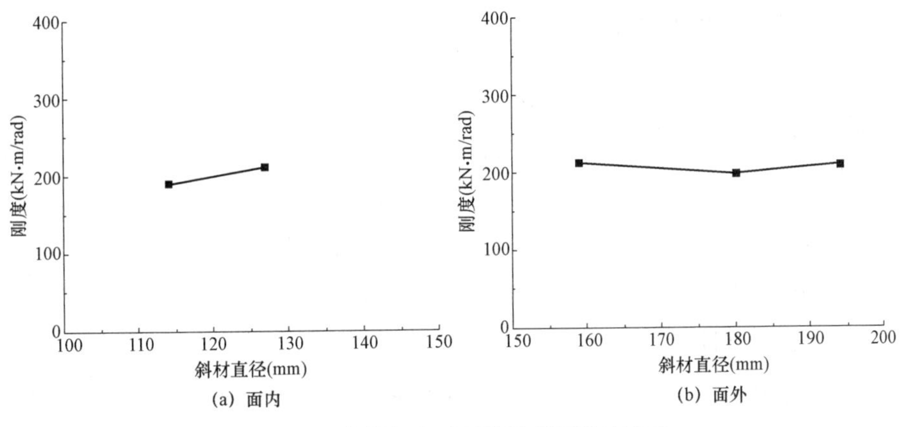

图 4 - 36　斜材规格对面外转动刚度的影响

主材规格ϕ 480×10、斜材规格ϕ 159×5、钢材强度 355MPa、螺栓颗数为 6 颗时，变化主材节点板厚度与斜材 C 型插板厚度对各节点面内初始转动刚度的影响如图 4 - 37 所示。

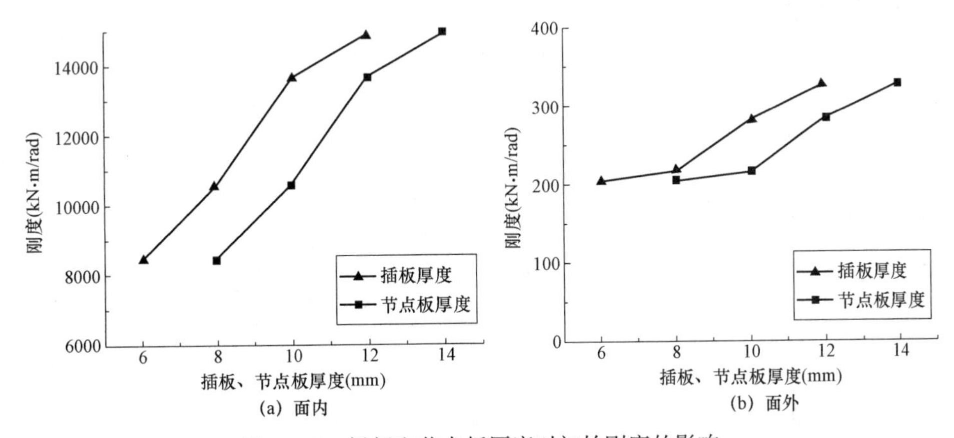

图 4 - 37　插板和节点板厚度对初始刚度的影响

以主材节点板厚度 8mm 与斜材 C 型插板厚度 6mm 作为参照标准：主材节点板厚度 10mm 与斜材 C 型插板厚度 8mm 的面内初始转动刚度比主材节点板厚度 8mm 与斜材 C 型插板厚度 6mm 的面内初始刚度增大 25.44%，主材节点板厚度 12mm 与斜材 C 型插板厚度 10mm 的面内初始转动刚度比主材节点板厚度 10mm 与斜材 C 型插板厚度 8mm 的面内初始刚度增大 29.16%，主材节点板厚度 14mm 与斜材 C 型插板厚度 12mm 的面内初始转动刚度比主材节点板厚度 12mm 与斜材 C 型插板厚度 10mm 的面内初始刚度增大 9.45%。

以主材节点板厚度 8mm 与斜材 C 型插板厚度 6mm 作为参照标准：主材节点板厚度 10mm 与斜材 C 型插板厚度 8mm 的面外初始转动刚度比主材节点板厚度 8mm 与斜材 C 型插板厚度 6mm 的面外初始刚度增大 4.88%，主材节点板厚度 12mm 与斜材 C 型插板厚度 10mm 的面外初始转动刚度比主材节点板厚度 10mm 与斜材 C 型插板厚度 8mm 的面外初始刚度增大 31.16%，主材节点板厚度 14mm 与斜材 C 型插板厚度 12mm 的面外初始转动刚度比主材节点板厚度 12mm 与斜材 C 型插板厚度 10mm 的面外初始刚度增大 16.31%。

4.4.3 十字插板连接参数分析

十字插板—节点板连接节点（K 型）构造形式独特，影响其半刚性性能的因素很多，如螺栓个数、连接板厚度、十字插板厚度、斜材规格、主材规格等。由于试验样本的数量有限，难以对以上各个因素逐一研究，从而影响我们对此类节点系统全面的认识。因此借助经试验校核后的有限元模型进行参数分析是进一步研究所必需的。

参数分析时螺栓等级取 8.8 级，变化主材直径为ϕ 356×6、ϕ 356×10、ϕ 356×8、ϕ 299×8、ϕ 325×8；变化斜材规格为ϕ 203×4、ϕ 203×5、ϕ 203×6、ϕ 194×5、ϕ 219×6；变化连接板厚度为 6mm、8mm、10mm；变化十字插板厚度为 6mm、8mm、10mm；螺栓个数 8、16、24；钢材强度 235MPa、355MPa、420MPa、460MPa，面内面外各 19 个，共计 38 个典型节点。分析工况如表 4-8 所示，考察以上各因素对节点半刚性特性的影响。

表 4-8　　节点有限元模型分析工况（C 板）

序号	主材规格（mm）	斜材规格（mm）	连接角度	连接板、十字插板厚（mm）	连接螺栓	钢材强度（MPa）	备注
1	ϕ 356×8	ϕ 203×5	45°	−8H、−8H	16M20	Q355	标准组
2	ϕ 356×8	ϕ 203×5	45°	−8H、−8H	8M20	Q355	变化螺栓数量
3	ϕ 356×8	ϕ 203×5	45°	−8H、−8H	24M20	Q355	
4	ϕ 356×8	ϕ 203×5	45°	−8H、−6H	16M20	Q355	变化十字插板厚度
5	ϕ 356×8	ϕ 203×5	45°	−8H、−10H	16M20	Q355	
6	ϕ 356×8	ϕ 203×4	45°	−8H、−8H	16M20	Q355	变化斜材规格
7	ϕ 356×8	ϕ 203×6	45°	−8H、−8H	16M20	Q355	
8	ϕ 356×8	ϕ 194×5	45°	−8H、−8H	16M20	Q355	
9	ϕ 356×8	ϕ 219×5	45°	−8H、−8H	16M20	Q355	

续表

序号	主材规格（mm）	斜材规格（mm）	连接角度	连接板、十字插板厚（mm）	连接螺栓	钢材强度（MPa）	备注
10	ϕ 356×8	ϕ 203×5	45°	$-6H$、$-8H$	16M20	Q355	变化连接板厚度
11	ϕ 356×8	ϕ 203×5	45°	$-10H$、$-8H$	16M20	Q355	
12	ϕ 356×8	ϕ 203×5	45°	$-12H$、$-8H$	16M20	Q355	
13	ϕ 356×6	ϕ 203×5	45°	$-8H$、$-8H$	16M20	Q355	变化主材规格
14	ϕ 356×10	ϕ 203×5	45°	$-8H$、$-8H$	16M20	Q355	
15	ϕ 299×6	ϕ 203×5	45°	$-8H$、$-8H$	16M20	Q355	
16	ϕ 325×6	ϕ 203×5	45°	$-8H$、$-8H$	16M20	Q355	
17	ϕ 356×8	ϕ 203×5	45°	$-8H$、$-8H$	16M20	Q235	变化钢材强度
18	ϕ 356×8	ϕ 203×5	45°	$-8H$、$-8H$	16M20	Q420	
19	ϕ 356×8	ϕ 203×5	45°	$-8H$、$-8H$	16M20	Q460	

主材规格ϕ 356×8、斜材规格ϕ 203×5、连接板厚度为 8mm、十字插板厚度 8mm、钢材强度 355MPa 时，变化螺栓颗数对各节点面内初始转动刚度的影响如图 4-38 所示。

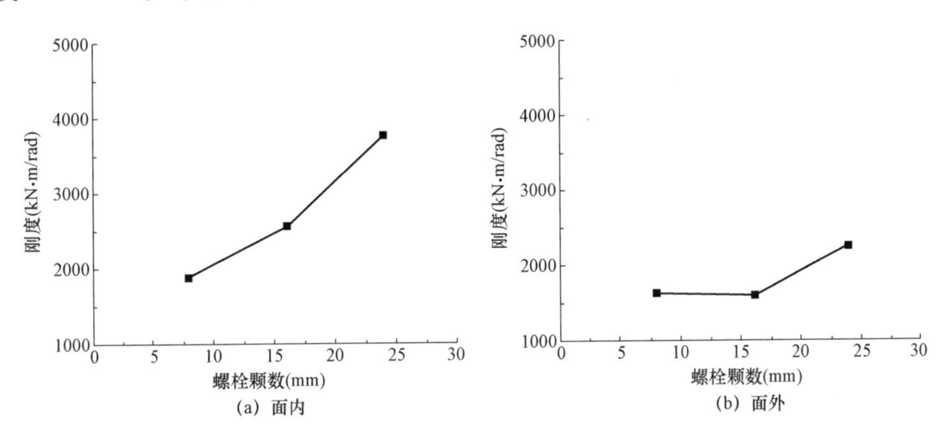

图 4-38 螺栓颗数对初始刚度的影响

螺栓颗数为 16 颗的节点面内初始转动刚度比螺栓颗数为 8 颗的增大 36.01%，螺栓颗数为 24 颗的面内初始转动刚度比螺栓颗数为 16 颗的增大 47.59%。而螺栓颗数为 16 颗的节点面外初始转动刚度比螺栓颗数为 8 颗的增大 7.08%，螺栓颗数为 24 颗的节点面外初始转动刚度比螺栓颗数为 16 颗的增大 9.35%。

主材规格ϕ 356×8、连接板厚度为 8mm、十字插板厚度 8mm、钢材强度 355MPa、螺栓颗数为 16 颗时，变化斜材规格对各节点面内初始转动刚度的影响如图 4-39 所示。

斜材规格为ϕ 203×5 的节点面内初始转动刚度比斜材规格为ϕ 194×5 的增大 9.27%，斜材规格为ϕ 219×5 的节点面内初始转动刚度比斜材规格为ϕ 203×5 的增大 24.44%，斜材规格为ϕ 203×5 比斜材规格为ϕ 203×4 的节点面内初始转动刚度增大 5.44%，斜材规

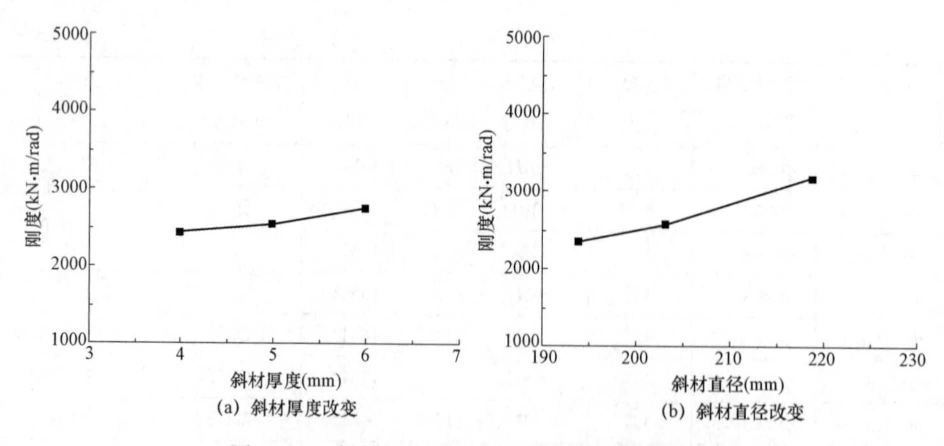

(a) 斜材厚度改变　　(b) 斜材直径改变

图 4-39　斜材规格对节点面内初始刚度的影响

格为ϕ 203×6 比斜材规格为ϕ 203×5 的节点面内初始转动刚度 8.37%。

斜材规格对节点面外初始刚度的影响如图 4-40 所示。斜材规格为ϕ 203×5 的节点面外初始转动刚度比斜材规格为ϕ 194×5 的增大 3.93%，斜材规格为ϕ 219×5 的节点面外初始转动刚度比斜材规格为ϕ 203×5 的增大 21.69%，斜材规格为ϕ 203×5 比斜材规格为ϕ 203×4 的节点面外初始转动刚度减小 18.85%，斜材规格为ϕ 203×6 比斜材规格为ϕ 203×5 的节点面外初始转动刚度减小 15.92%。

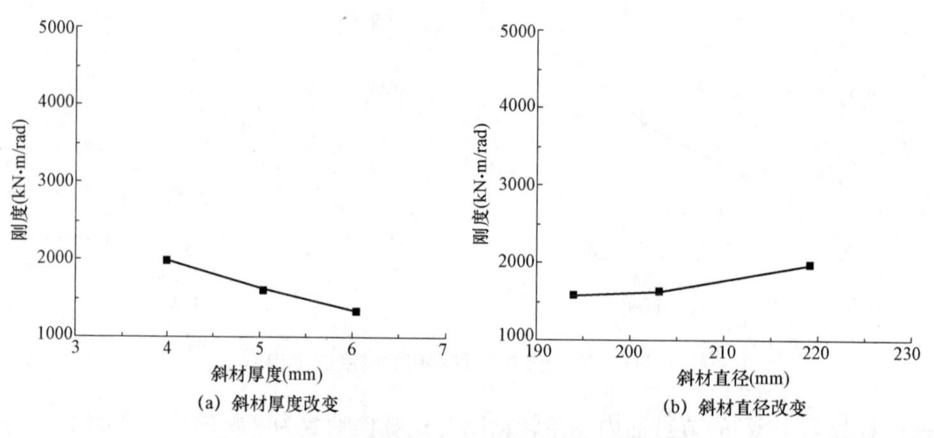

(a) 斜材厚度改变　　(b) 斜材直径改变

图 4-40　斜材规格对节点面外初始刚度的影响

主材规格ϕ 356×8、斜材规格ϕ 203×5、十字插板厚度 8mm、钢材强度 355MPa、螺栓颗数为 16 颗时，变化连接板厚度对各节点面内初始转动刚度的影响如图 4-41 所示。

连接板厚度 8mm 的节点面内初始转动刚度比连接板厚度 6mm 的初始刚度增大 18.82%，连接板厚度 10mm 的节点面内初始转动刚度比连接板厚度 8mm 的初始刚度增大 8.25%，连接板厚度 12mm 的节点面内初始转动刚度比连接板厚度 10mm 的节点面内初始刚度增 5.82%。

连接板厚度 8mm 的节点面外初始转动刚度比连接板厚度 6mm 的节点面外初始刚度增

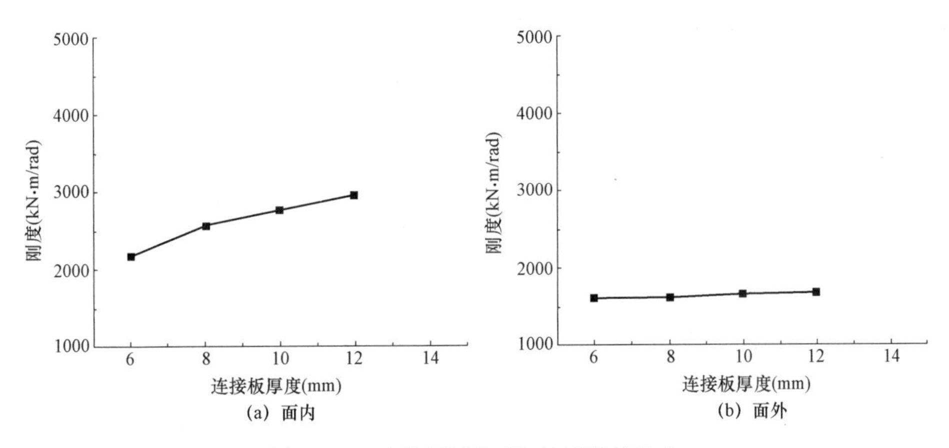

图 4-41 连接板厚度对初始刚度的影响

大 0.31%，连接板厚度 10mm 的节点面外初始转动刚度比连接板厚度 8mm 的节点面外初始刚度增大 2.23%，连接板厚度 12mm 的节点面外初始转动刚度比连接板厚度 10mm 的节点面外初始刚度增 0.91%。

斜材规格ϕ 203×5、连接板厚度为 8mm、十字插板厚度 8mm、钢材强度 355MPa、螺栓颗数为 16 颗时，变化主管规格对各节点面内初始转动刚度的影响如图 4-42 所示。

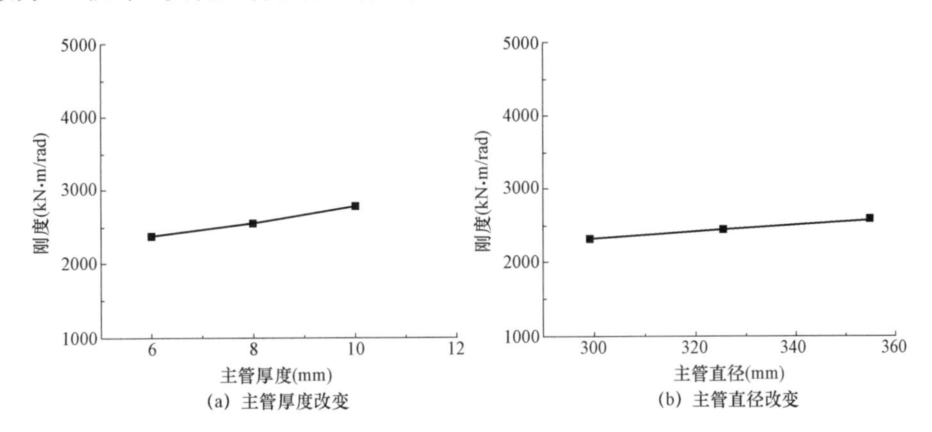

图 4-42 主材主管厚度和直径对节点面内初始刚度的影响

主管厚度 8mm 的初始转动刚度比主管厚度 6mm 的初始刚度增大 7.08%，主管厚度 10mm 的初始转动刚度比主管厚度 8mm 的初始刚度增大 9.35%，主管直径 325mm 的初始转动刚度比主管直径 299mm 的初始刚度增大 5.37%，主管直径 356mm 的初始转动刚度比主管直径 325mm 的初始刚度增大 5.14%。

主材主管厚度和直径对节点面外初始刚度的影响如图 4-43 所示。主管厚度 8mm 的节点面外初始转动刚度比主管厚度 6mm 的节点面外初始刚度增大 2.67%，主管厚度 10mm 的节点面外初始转动刚度比主管厚度 8mm 的节点面外初始刚度增大 0.06%，主管直径 325mm 的节点面外初始转动刚度比主管直径 299mm 的节点面外初始刚度增大 1.60%，主管直径

356mm 的节点面外初始转动刚度比主管直径 325mm 的节点面外初始刚度增大 1.64%。

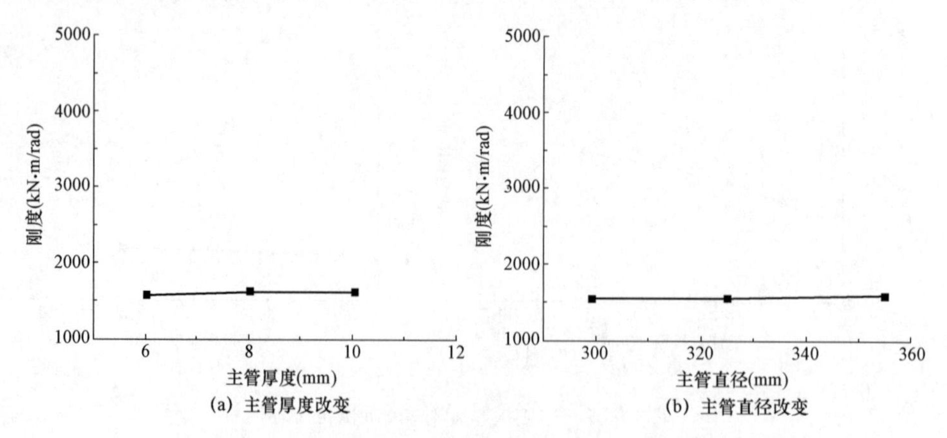

(a) 主管厚度改变 (b) 主管直径改变

图 4-43 主材主管厚度和直径对节点面外初始刚度的影响

第5章　钢管—插板连接的K型节点承载力计算方法

5.1　无加强板钢管—插板连接的K型节点计算方法

根据大量的有限元分析结果可以看出，无加强板K型节点的承载力与参数D/t和B/D有关，采用最小二乘法对有限元结果进行拟合，得到建议计算公式：

$$M_{w,u}=[0.26(D/t)^{0.6}+1.15(B/D)+2.9]Bt^2f_y \tag{5-1}$$

式中　$M_{w,u}$——无主管轴力时主管管壁弯矩；

f_y——主管屈服强度。

根据前面有限元分析可知，主管轴向荷载对节点承载力的影响是不可忽视的，主管轴力和主管管壁弯矩二者存在一定的关系。因此，对大量有限元分析结果进行拟合，得到二者之间的关系：

$$\left(\frac{P_v}{P_u}\right)^2+0.15\left(\frac{P_v}{P_u}\right)\left(\frac{M_u}{M_{w,u}}\right)+\left(\frac{M_u}{M_{w,u}}\right)^2=1 \tag{5-2}$$

式中　P_v——主管轴力；

$P_u=f_y\cdot A$，A——主管截面积；

M_u——有主管轴力时主管管壁弯矩。

主管轴力与主管管壁弯矩关系曲线如图5-1所示。

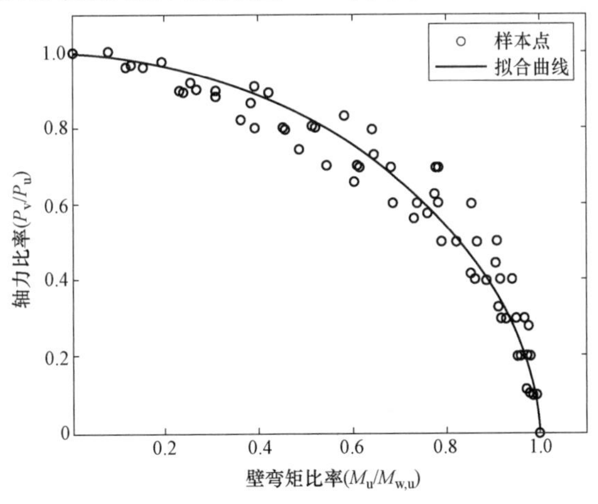

图5-1　主管轴力与主管管壁弯矩关系曲线图

从式（5-2）中可以求出在不同轴压比下主管管壁的弯矩，此式反映了轴力与弯矩两者的关系。实际上弯矩与剪力在实际工程中其比值为$D/2$，因此，式（5-2）能反映轴力、剪力和弯矩三者之间的关系。

5.2 1/4环形加强板钢管—插板连接的K型节点计算方法

目前，为了降低局部屈曲的影响，在实际输电铁塔中经常采取添加环形加强板的方式。在这种构造下，节点的受力较复杂，而我国没有相应的设计验算方法，在输电塔钢管节点的研究几乎还是空白。在国外，日本研究较早，但由于钢材型号、性能、设计体系方面与我国有较大的差别，完全照搬日本《输电线路钢管塔制作基准》是不科学的。因此，本文根据有限元结果对有加强板K型节点的设计方法进行探讨。根据大量的有限元分析结果可以看出，1/4环形加强板K型节点在保证节点板和焊缝不破坏的情况下的破坏形态分为环板和主管破坏。因此，K型节点的承载力确定分为由环板承载力确定和主管承载力确定两种情况，以下对两种情况下节点的计算方法进行探讨。

对有限元分析结果采用最小二乘法进行参数拟合，得到其建议计算公式。

主管控制：

$$P_{y,u}=[1.74\,(D/t)^{0.7}-1.25\,(B/D)\,-2.2]t^2 f_y \tag{5-3}$$

环形加强板控制：

$$P_{y,u}=\left[0.08\left(\frac{Dt}{Rt_r}\right)^2+0.66\left(\frac{Dt}{Rt_r}\right)+2.59\right]\frac{R^2t_r}{D}f_y \tag{5-4}$$

式中 $P_{y,u}$——无主管轴力时等效横向力。

根据前面有限元分析可知，主管轴向荷载对节点承载力的影响是不可忽视的，轴力和弯矩二者荷载存在一定的关系。因此，本文从主管控制和环形加强板控制两种情况对大量的有限元分析结果进行拟合，得到二者之间的关系如图5-2所示。

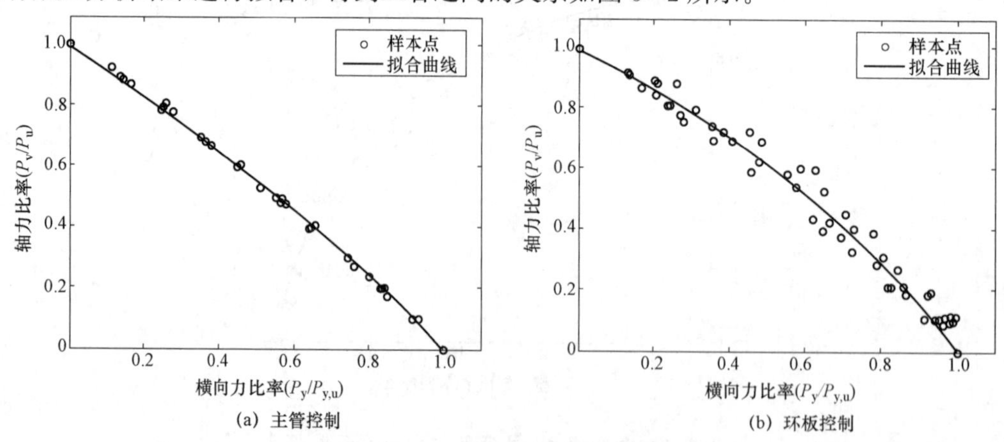

图5-2 主管轴力与等效横向力关系曲线图

P_y—有主管轴力时等效横向力

主管轴向力与节点横向力的关系式如下。

主管控制：

$$\left(\frac{P_{\mathrm{v}}}{P_{\mathrm{u}}}\right)^2+1.6\left(\frac{P_{\mathrm{v}}}{P_{\mathrm{u}}}\right)\left(\frac{P_{\mathrm{y}}}{P_{\mathrm{y,u}}}\right)+\left(\frac{P_{\mathrm{y}}}{P_{\mathrm{y,u}}}\right)^2=1 \tag{5-5}$$

环形加强板控制：

$$\left(\frac{P_{\mathrm{v}}}{P_{\mathrm{u}}}\right)^2+1.2\left(\frac{P_{\mathrm{v}}}{P_{\mathrm{u}}}\right)\left(\frac{P_{\mathrm{y}}}{P_{\mathrm{y,u}}}\right)+\left(\frac{P_{\mathrm{y}}}{P_{\mathrm{y,u}}}\right)^2=1 \tag{5-6}$$

5.3　1/2 环形加强板钢管—插板连接的 K 型节点计算方法

根据有限元分析结果可以看出，1/2 环形加强板的 K 型节点的破坏模式与 1/4 加强板的 K 型节点的破坏模式类似，故建议公式的形式与 1/4 环形加强板的建议公式的形式一致。其节点承载力也分为由主管控制和由加强环板控制两种情况来讨论。

对有限元结果进行拟合，得到其建议计算公式。

主管控制：

$$P_{\mathrm{y,u}}=[1.30\,(D/t)^{0.8}-1.0(B/D)-2.43]t^2 f_{\mathrm{y}} \tag{5-7}$$

环形加强板控制：

$$P_{\mathrm{y,u}}=\left[0.04\left(\frac{Dt}{Rt_{\mathrm{r}}}\right)^2+1.38\left(\frac{Dt}{Rt_{\mathrm{r}}}\right)+0.37\right]\frac{R^2 t_{\mathrm{r}}}{D}f_{\mathrm{y}} \tag{5-8}$$

主管轴力与等效横向力之间的关系曲线如图 5-3 所示。

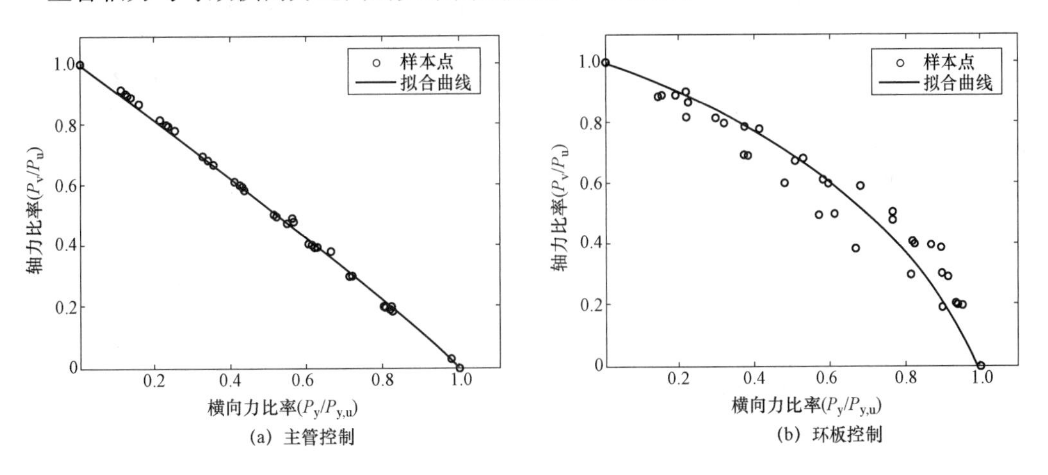

图 5-3　主管轴力与等效横向力关系曲线图

主管轴力与等效横向力的关系式如下。

主管控制：

$$\left(\frac{P_{\mathrm{v}}}{P_{\mathrm{u}}}\right)^2+1.8\left(\frac{P_{\mathrm{v}}}{P_{\mathrm{u}}}\right)\left(\frac{P_{\mathrm{y}}}{P_{\mathrm{y,u}}}\right)+\left(\frac{P_{\mathrm{y}}}{P_{\mathrm{y,u}}}\right)^2=1 \tag{5-9}$$

环板控制：

$$\left(\frac{P_v}{P_u}\right)^2+0.75\left(\frac{P_v}{P_u}\right)\left(\frac{P_y}{P_{y,u}}\right)+\left(\frac{P_y}{P_{y,u}}\right)^2=1 \tag{5-10}$$

5.4 全圆环加强板钢管—插板连接的K型节点计算方法

根据有限元分析结果可以看出，全圆环加强板的K型节点的破坏模式与1/4（1/2）环形加强板的K型节点的破坏模式不一样。节点承载力在主管控制的情况下，受拉端钢管截面发生完全屈服；在节点承载力由环形加强板控制的情况下，受压端环板较受拉端环板容易发生破坏。因此，对有限元结果进行参数拟合，得到其建议计算公式。

主管控制：

$$P_{y,u}=[1.39(D/t)^{0.8}-1.0(B/D)-3.58]t^2f_y \tag{5-11}$$

环形加强板控制：

$$P_{y,u}=\left[0.11\left(\frac{Dt}{Rt_r}\right)^2+0.50\left(\frac{Dt}{Rt_r}\right)+2.97\right]\frac{R^2t_r}{D}f_y \tag{5-12}$$

主管轴力与等效横向力之间的关系曲线如图5-4所示。

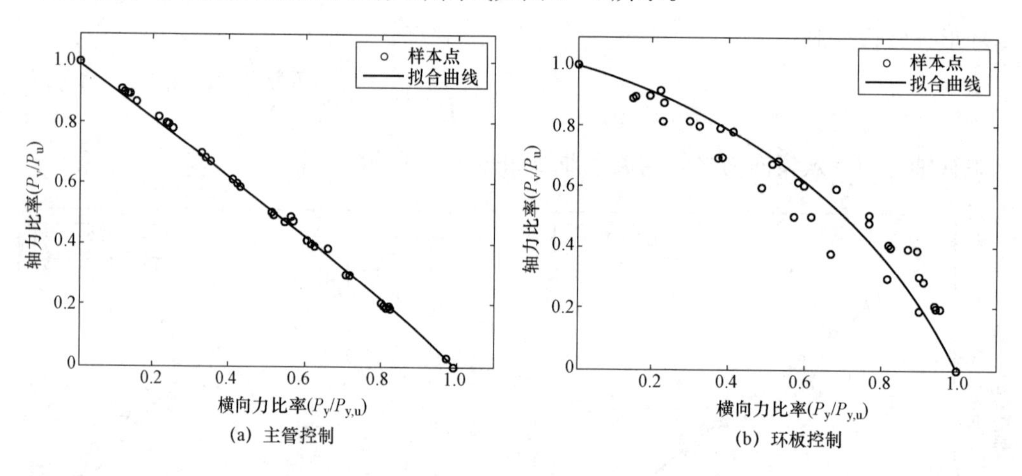

(a) 主管控制　(b) 环板控制

图5-4 主管轴力与等效横向力关系曲线图

主管轴力与等效横向力的关系式如下。

主管控制：

$$\left(\frac{P_v}{P_u}\right)^2+1.8\left(\frac{P_v}{P_u}\right)\left(\frac{P_y}{P_{y,u}}\right)+\left(\frac{P_y}{P_{y,u}}\right)^2=1 \tag{5-13}$$

环板控制：

$$\left(\frac{P_v}{P_u}\right)^2+0.75\left(\frac{P_v}{P_u}\right)\left(\frac{P_y}{P_{y,u}}\right)+\left(\frac{P_y}{P_{y,u}}\right)^2=1 \tag{5-14}$$

从图5-4可以看出，全圆环加强板K型节点主管轴力与等效横向力的关系式和1/2

环形加强板 K 型节点轴力与横向力的关系式相同，这表明了轴压比对节点承载力折减系数的影响是一致的。

5.5　节点板承载力计算方法

关于节点板承载力的计算方法，《钢结构设计标准》（GB 50017—2017）提供了两种设计方法，一种是按强度破坏控制的有效宽度法，另一种是按失稳破坏控制的压屈线稳定计算方法，但这两种方法都是根据双角钢杆件连接节点板的试验研究提出的，对于钢管—插板连接的节点板，其适用性还需要加以验证和讨论，以便提出新的设计方法或设计建议。

5.5.1　节点板受拉承载力计算方法

（1）Whitmore 方法（有效宽度法）。最早提出的关于节点板受拉承载力的公式就是 Whitmore 理论，也是现在国内外规范都普遍采用的方法，该方法主要考虑节点板材料达到屈服或破坏作为节点板的极限拉承载力状态，即认为将通过连接件在节点板内按照一定的应力扩散角度传至连接件端部与外力相垂直的一定宽度范围内，该宽度称为有效宽度。

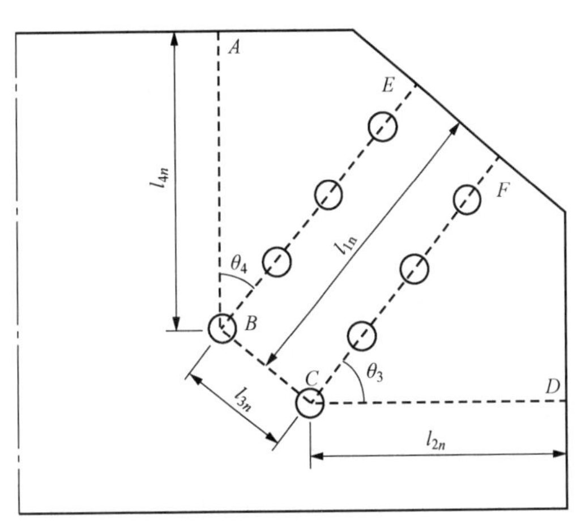

图 5-5　撕裂面法图示

（2）撕裂面法。撕裂面法是从有效宽度法衍生出来的，即节点板的破坏是在杆件内力作用下沿节点板内的最小受力折算长度被拉断或拉剪破坏，破裂面一般为三折线，并假定应力合力方向与外力平行，在破裂面上同时达到极限抗拉强度，如图 5-5 所示。应用第四强度理论即可求得破裂面的极限承载力，这种方法只用于受拉状态。按下列公式进行计算：

$$\frac{N}{\sum(\eta_i A_i)} \leqslant f_u \tag{5-15}$$

$$\eta_i = \frac{1}{\sqrt{1+\cos^2\theta_i}} \tag{5-16}$$

式中　N——作用于板件的拉力；

A_i——第 i 段破坏面的净截面积，$A_i = T \cdot l_{in}$；

θ_i——第 i 段破坏线与拉力轴线的夹角。

不同于焊缝连接的情况，螺栓连接节点板的破坏可能按多种破坏形式发生，即按 $ABCD$ 发生拉裂破坏，按 $EBCF$ 发生块状拉剪破坏，以及综合前两种破坏形式按 $EBCD$ 或 $ABCF$ 发生的破坏。因此，在确定节点板的承载力时需要按照最小净破坏截面进行计算。

将所有模型的有限元分析值与上述方法计算值比较，得到图 5-6 和图 5-7。当板件发生块状拉剪破坏时，撕裂面法和有效宽度法都能较好的预估节点板的极限承载力，参数分析得到承载力与设计方法计算值之比的均值分别为 1.092 和 1.133，变异系数为 0.091 和 0.077，显示已有方法计算值偏于安全。当板件发生受拉断裂时，标准《钢结构设计标准》(GB 50017—2017) 建议的撕裂面法对插板连接节点板承载力的预估较其他方法更理想。但 Whitmore 建议的有效宽度法与样本分析数据吻合稍差，直接用未考虑抗力分项系数的材料强度值进行设计是偏于不安全的，但按弹性设计是相对保守的。总的看来，对于插板连接节点板无论发生什么样的破坏模式，用撕裂面法和有效宽度法预估节点板的极限承载力都是适用的。

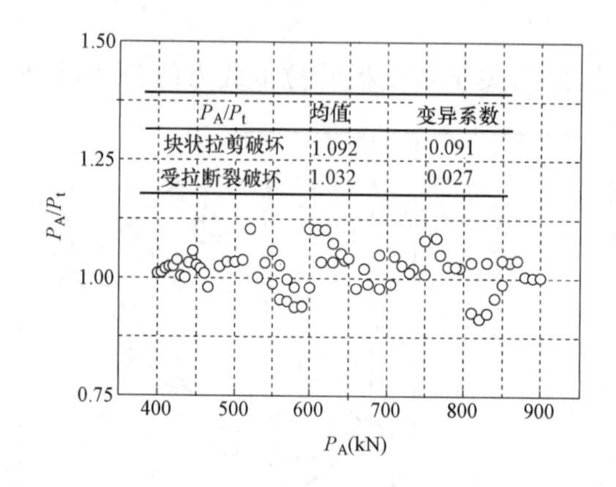

图 5-6 撕裂面法与有限元计算结果比较

P_A—有限元分析得到的节点板极限承载力；

P_t—撕裂面法得到的节点板极限承载力

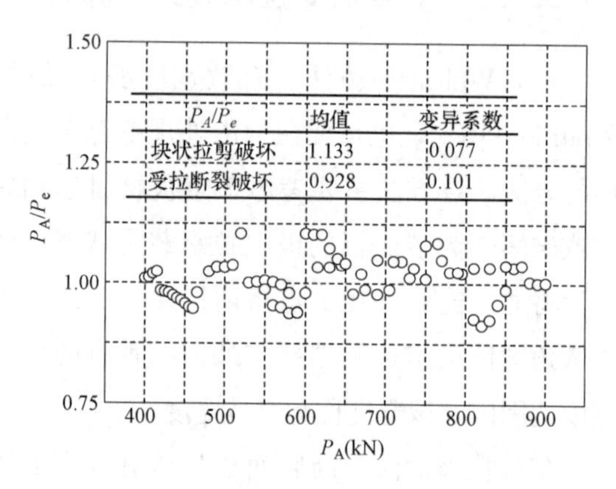

图 5-7 有效宽度法与有限元计算结果比较

P_e—有效宽度法得到的节点板极限承载力

5.5.2 节点板受压承载力计算方法

关于桁架和框架结构中节点板连接节点处节点板受压承载力的计算方法，《钢结构设计标准》(GB 50017—2017) 提供了考虑防止节点板材料强度破坏的有效宽度法和考虑防止节点板平面外屈曲失稳的稳定计算公式两种方法：①一些国外钢结构规范（如 AISC，CSA，Eurocode3）通常采用 Whitmore 方法和 Thornton 理论两种方法来验算节点板受压承载力；②一些国内外学者通过大量的试验及有限元分析，也总结和提出了一些关于节点板受压承载力的计算公式，如 D. G. Lutz 和 R. A. LaBoube 提出了主要用于薄板受压承载力的计算公式。本节将利用以上几种方法分别计算试验和有限元分析各种模型中节点板极限受压承载力，并将公式计算结果与有限元分析结果进行对比，验证现有规范公式对计算节点板受压承载能力的适用性。

(1) 压屈线法。我国钢结构规范提出了用于桁架节点板的稳定计算公式，该计算方法将受压节点板区域考虑成3个各自独立的受压区，其计算简图如5-8所示，然后利用柱的稳定理论来分别验算每个受压区的稳定承载能力，以3个受压区的最小失稳承载力作为整个节点板的受压承载力。其承载力的计算公式为：

$$P_b = \min(P_{b1}, P_{b2}, P_{b3}) \tag{5-17}$$

$$P_{b1} = \frac{b_1 + b_2 + b_3}{b_1 \sin\theta_1} l_1 T \varphi_1 f_y \tag{5-18}$$

$$P_{b2} = \frac{b_1 + b_2 + b_3}{b_2} l_2 T \varphi_2 f_y \tag{5-19}$$

$$P_{b3} = \frac{b_1 + b_2 + b_3}{b_3 \sin\theta_3} l_3 T \varphi_3 f_y \tag{5-20}$$

式中　T——节点板厚度；

l_1，l_2，l_3——分别为曲折线CA、AB、BD的长度；

b_1、b_2、b_3——分别为曲折线CA、AB、BD在有效宽度线上的投影长度；

θ_1、θ_3——分别为曲折线CA、BD与受压杆件轴向之间的角度；

φ_1、φ_2、φ_3——各受压区板件的轴心受压稳定系数，可按b类截面查取，其相应的长细比分别为：$\lambda_1 = 2.77\frac{QR}{T}$，$\lambda_2 = 2.77\frac{ST}{T}$，$\lambda_3 = 2.77\frac{UV}{T}$，$QR$、$ST$、$UV$分别为$CA$、$AB$、$BD$ 3区受压板件的中线长度，其中$ST = l_1 = c$；

f_y——节点板选用材料屈服强度；

T——节点板厚度。

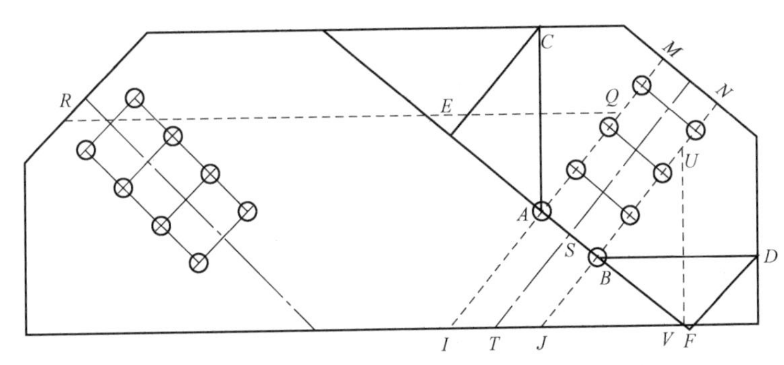

图5-8　节点板稳定计算简图

（2）Thornton理论计算方法。国外钢结构规范除用有效宽度法计算节点板的受压承载力外，通常还采用Thornton理论计算方法来验算节点板的受压失稳承载力。与我国钢结构规范中的稳定计算公式类似，Thornton理论也将受压节点板考虑成等效柱，并按柱的稳定理论来计算其稳定承载力，两者的区别在于Thornton理论将节点板等效成1根受压柱而我国钢结构规范稳定计算方法将节点板考虑成3根等效受压柱。采用Thornton理论计算节点板受压承载力的具体公式为：

$$P_{\mathrm{T}}=A_{\mathrm{e}}F_{\mathrm{cr}} \tag{5-21}$$

当 $\lambda_c \leqslant 1.5$ 时，$F_{cr}=(0.658\lambda_c^2)f_y$　(5-22)

当 $\lambda_c > 1.5$ 时，$F_{cr}=\left(\frac{0.877}{\lambda_c^2}\right)f_y$　(5-23)

式中　$\lambda_c=\frac{kl_{eff}}{r\pi}\sqrt{\frac{f_y}{E}}$

$A_e=W_{eff}\cdot T$——节点板有效截面面积；

E——节点板材料弹性模量；

k——节点板有效长度系数，取 0.65；

l_{eff}——节点板有效长度，取 l_1、l_2、l_3 的平均值；

W_{eff}——节点板有效宽度，取节点板实际宽度与 b_w 二者中的较小值；

r——回转半径。

（3）插板连接的节点板受压承载力计算方法。根据以上分析知道，节点板的破坏模式有两种。针对不同的破坏模式，采用节点板中部加肋、自由边卷边等措施来改善节点板的受力性能，以提高节点板的承载力。在节点板发生整体失稳的情况下，沿节点板受力方向设置十字加肋板或在节点板中部设置加肋板能更有效地提高节点板的承载力；在节点板发生局部屈曲的情况下，自由边卷边能更有效地提高节点板的承载力。因此，本节结合试验和有限元的分析结果，提出了 K 型节点受压节点板承载力计算方法，其计算公式如下。

1）有（无）环形加强板的节点板计算简图如图 5-9 所示，受压承载力计算公式：

$$P_n=A_e f_{cr} \tag{5-24}$$

$$f_{cr}=\frac{k_g\pi^2\gamma E}{12(1-\nu^2)}\left(\frac{T^2}{l_{eff}\cdot b}\right) \tag{5-25}$$

式中　k_g——节点板屈曲系数；

E——弹性模量；

γ——塑性折减系数；

ν——泊松比；

b——节点板自由边长边长度。

根据有限元分析结果，得到 k_g 的计算公式。

（a）节点板整体屈曲。

$$k_g=0.367\left(\frac{T^2}{l_{eff}\cdot b_{eff}}\right)^{-0.69} \tag{5-26}$$

式中　b_{eff}——节点板有效宽度，取节点板实际宽度与 b_w 二者中的最小值。

（b）节点板局部屈曲。

$$k_g=0.313\left(\frac{T^2}{l_{eff}\cdot b_{eff}}\right)^{-0.57} \tag{5-27}$$

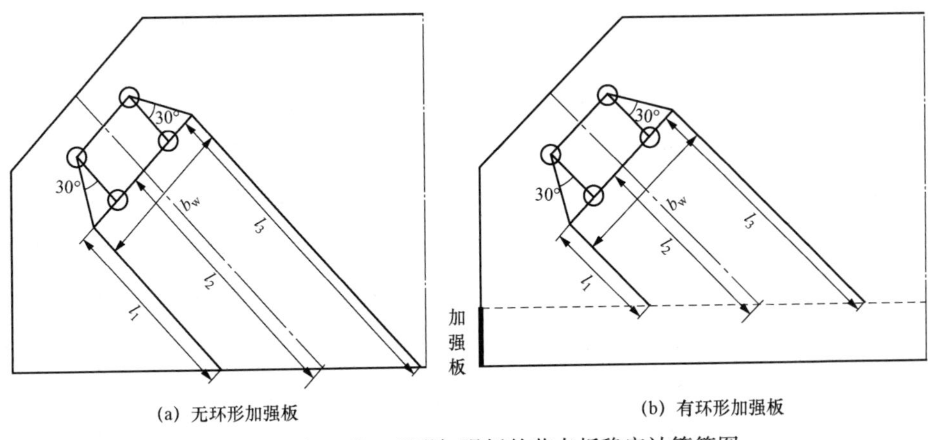

(a) 无环形加强板　　(b) 有环形加强板

图 5-9　有（无）环形加强板的节点板稳定计算简图

具体拟合曲线图如 5-10 所示：

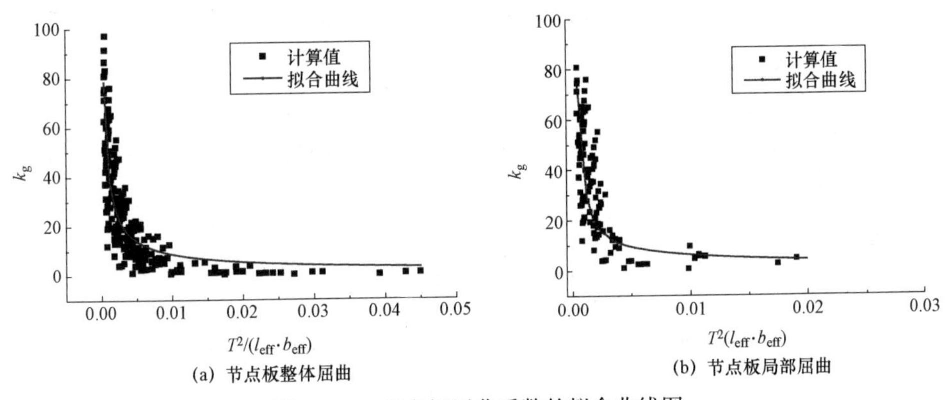

(a) 节点板整体屈曲　　(b) 节点板局部屈曲

图 5-10　节点板屈曲系数的拟合曲线图

2）有（无）环形加强板的中部加肋节点板稳定计算简图如图 5-11 所示，受压承载力计算公式：

$$P_n = b_1 T f_{cr} \tag{5-28}$$

$$f_{cr} = \frac{k_g \pi^2 \gamma E}{12(1-\nu^2)}\left(\frac{T^2}{l_{eff} \cdot b_0}\right) \tag{5-29}$$

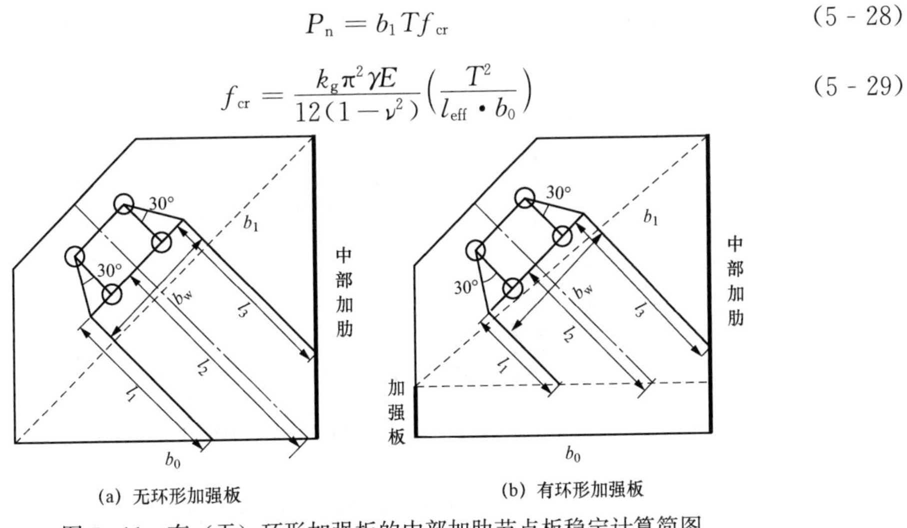

(a) 无环形加强板　　(b) 有环形加强板

图 5-11　有（无）环形加强板的中部加肋节点板稳定计算简图

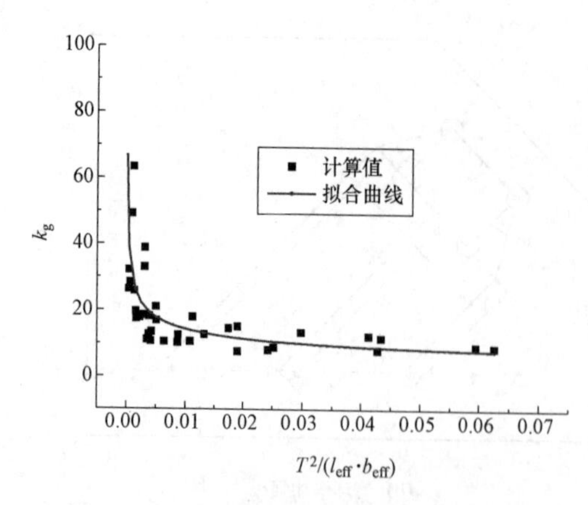

图 5 - 12　节点板屈曲系数的拟合曲线图

根据有限元分析结果，得到 k_g 的计算公式为：

$$k_g = 2.664\left(\frac{T^2}{l_{eff} \cdot b_{eff}}\right)^{-0.32} \tag{5-30}$$

具体拟合曲线图如图 5 - 12 所示。

3）有（无）环形加强板的卷边节点板稳定计算简图如图 5 - 13 所示，受压承载力计算公式：

$$P_n = A_e f_{cr} \tag{5-31}$$

$$f_{cr} = \frac{k_g \pi^2 \gamma E}{12(1-\nu^2)}\left(\frac{T^2}{l_{eff} \cdot a_0}\right) \tag{5-32}$$

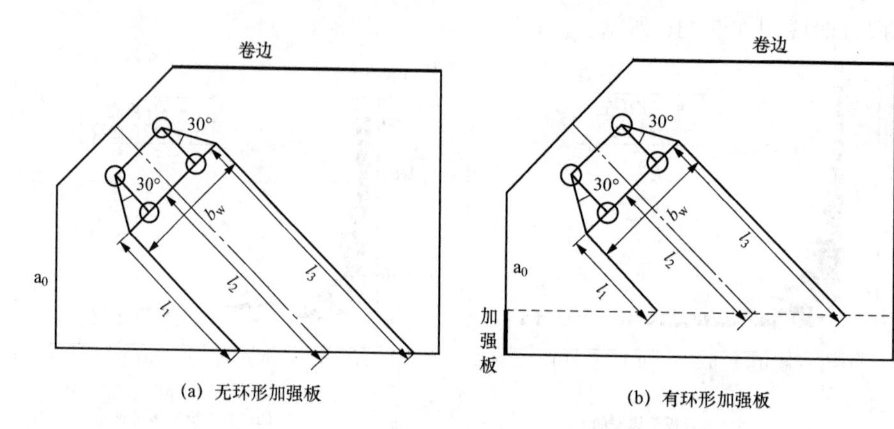

图 5 - 13　有（无）环形加强板的卷边节点板稳定计算简图

根据有限元分析结果，得到 k_g 的计算公式为：

$$k_g = 1.672\left(\frac{T^2}{l_{eff} \cdot b_{eff}}\right)^{-0.48} \tag{5-33}$$

具体拟合曲线图如图 5 - 14 所示。

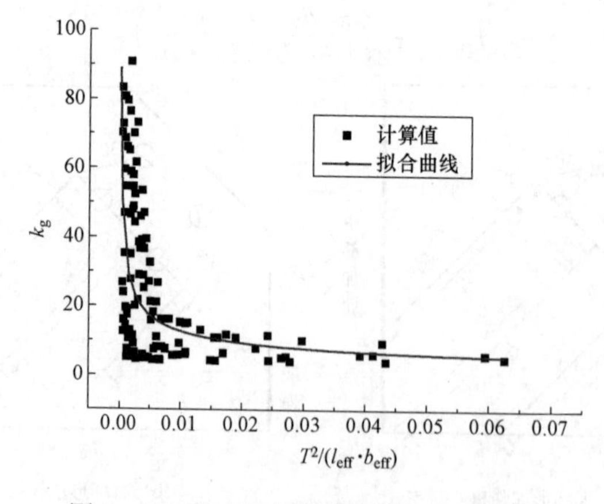

图 5 - 14　节点板屈曲系数的拟合曲线图

4）有（无）环形加强板的十字型节点板稳定计算简图如图 5-15 所示，受压承载力计算公式：

$$P_{n} = A_{e} f_{cr} \tag{5-34}$$

$$f_{cr} = \frac{k_{g}\pi^{2}\gamma E}{12(1-\nu^{2})}\left(\frac{T^{2}}{l_{eff} \cdot b}\right) \tag{5-35}$$

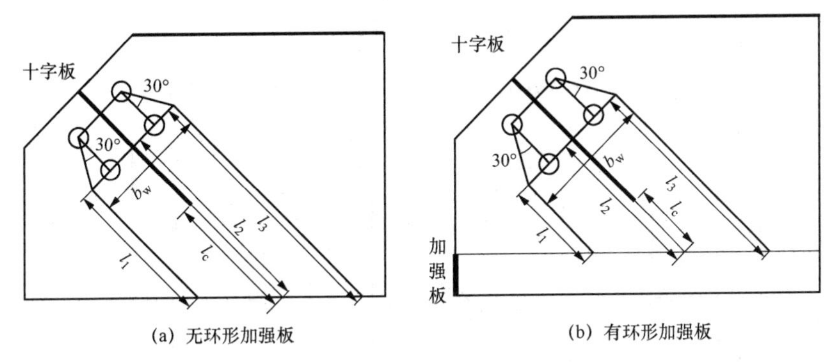

图 5-15　有（无）环形加强板的十字型节点板稳定计算简图

根据有限元分析结果，得到 k_g 的计算公式为：

$$k_{g} = 1.785\left(\frac{T^{2}}{l_{eff} \cdot b_{eff}}\right)^{-0.36} \tag{5-36}$$

具体拟合曲线图如图 5-16 所示。

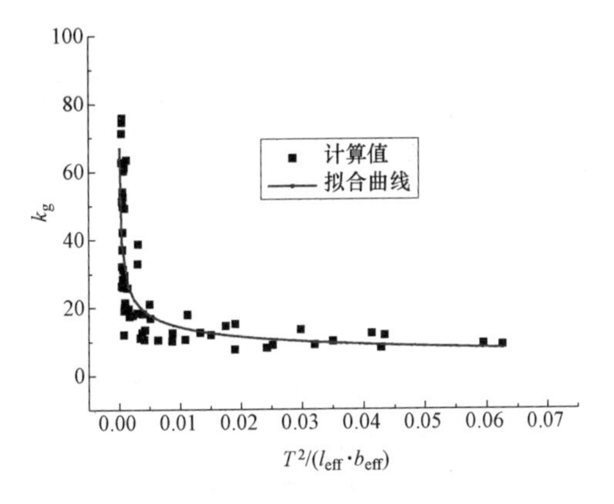

图 5-16　节点板屈曲系数的拟合曲线图

5.6　基于负偏心的 K 型节点计算方法

5.6.1　无加强环板

通过对 K 型节点受力分析发现，支管作用的荷载可以分解成弯矩和剪力。节点等效受力模型如图 5 - 17 所示。

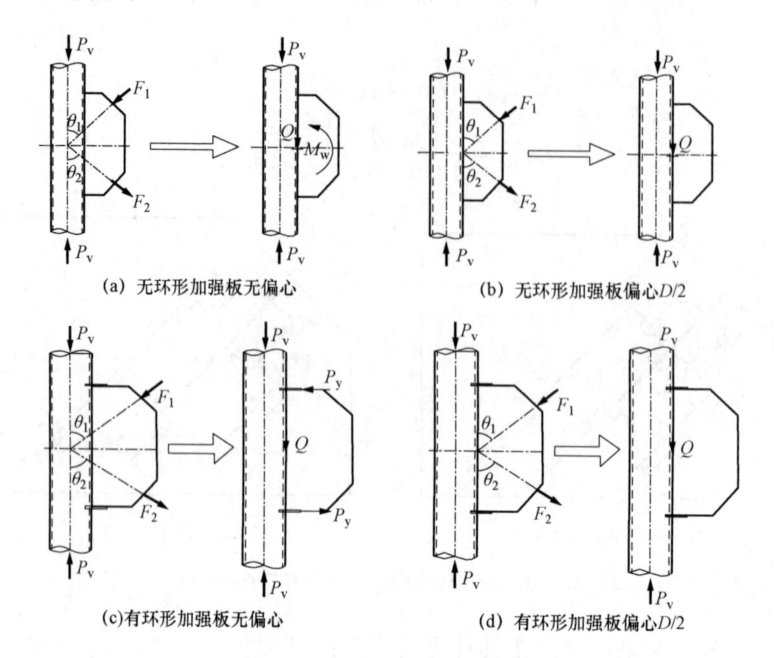

图 5 - 17　节点等效受力模型

通过各参数对主管管壁弯矩、剪力和主管轴力的影响曲线可以看出，主管管壁弯矩、剪力和主管轴力在负偏心的过程中三者存在相互作用的关系等式。主管轴力与主管管壁剪力关系曲线如图 5 - 18 所示。

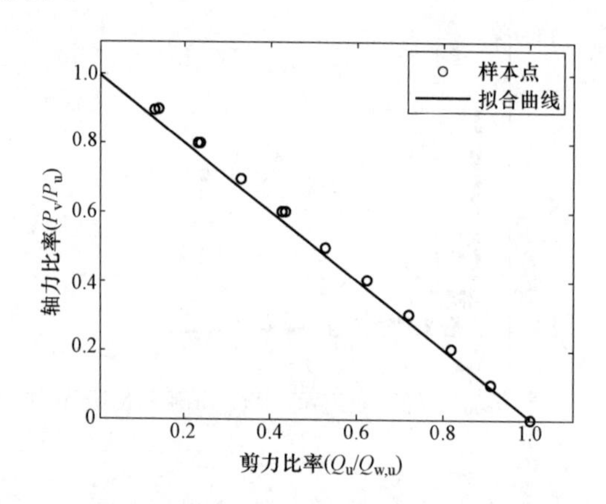

图 5 - 18　主管轴力与主管管壁剪力关系曲线图

Q_u—有轴力时控管管壁剪力；$Q_{w,u}$—无轴力时全管管壁剪力

对有限元分析结果进行拟合，得到主管轴力与主管管壁弯矩关系曲线如图 5 - 19 所示，得到在负偏心距为 $D/2$ 处主管轴力与主管管壁剪力之间关系为：

$$\frac{P_v}{P_u}+\frac{Q_u}{Q_{w,u}}=1 \tag{5-37}$$

$$Q_{w,u}=[2.2(B/D)^{0.5}-0.55(B/D)-0.003(D/t)+0.5]Dtf_y \tag{5-38}$$

对有限元分析结果进行拟合，得到在无偏心时主管轴力与主管管壁剪力之间关系式为：

$$\left(\frac{P_v}{P_u}\right)^2+0.15\left(\frac{P_v}{P_u}\right)\left(\frac{M_u}{M_{w,u}}\right)+\left(\frac{M_u}{M_{w,u}}\right)^2=1 \tag{5-39}$$

$$M_{w,u}=[0.26(D/t)^{0.6}+1.15(B/D)+2.9]Bt^2f_y \tag{5-40}$$

节点从无偏心到偏心 $D/2$ 的过程中，主管管壁的弯矩和剪力在不断地发生变化。在主管轴力、主管管壁弯矩和剪力的作用下节点将发生局部屈服。根据有限元分析结果进行拟合，得到主管管壁剪力与弯矩关系曲线，如图 5-20 所示。

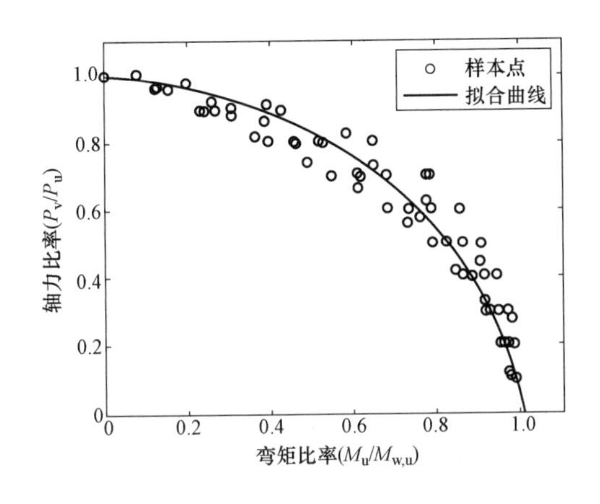

图 5-19　主管轴力与主管管壁弯矩关系曲线图

M_u—有轴力时主管管壁弯矩；

$M_{w,u}$—无轴力时主管管壁弯矩

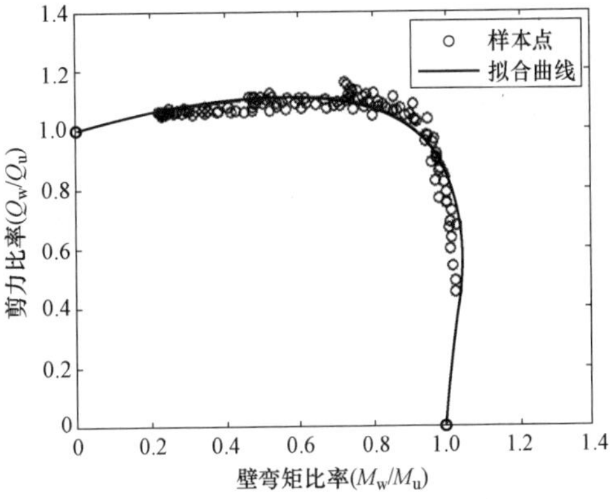

图 5-20　主管管壁剪力与主管管壁弯矩关系曲线图

M_w—在有轴力有偏心时管壁上弯矩；

Q_w—在有轴力偏心时主管管壁剪力

节点主管管壁弯矩与剪力的关系式为：

$$\left(\frac{Q_w}{Q_u}\right)^3-0.15\left(\frac{Q_w}{Q_u}\right)\left(\frac{M_w}{M_u}\right)^2-0.65\left(\frac{Q_w}{Q_u}\right)^2\left(\frac{M_w}{M_u}\right)+\left(\frac{M_w}{M_u}\right)^3=1 \tag{5-41}$$

式（5-41）反映了在偏心过程中主管管壁的弯矩和剪力的相互作用关系。从表面看，式（5-41）表达了主管管壁的弯矩和剪力两者之间的关系，实际上等式反映了主管轴力、主管管壁的弯矩和剪力三者之间的关系。

从式（5-37）、式（5-38）和式（5-40）可以看出，通过节点的几何尺寸，得到主管管壁在无偏心时的弯矩和在偏心 $D/2$ 时的剪力，且在有负偏心存在的情况下，$\frac{M}{Q}=\left(\frac{D}{2}-e\right)$，$e$ 为偏心距。在知道主管轴力的情况下，将其值分别代入无偏心时弯矩与轴力的关系式和偏心 $D/2$ 时剪力与轴力的关系式中，得到 Q_u 和 M_u。此时，根据主管管壁弯矩和剪力的关系式就能得到在不同的偏心距时的主管管壁弯矩和剪力。反之，知道弯矩，就能求出偏心距，从而算出此时主管的轴力。三个等式还可以检验力的相互组合是否安全，以便用于指导设计。

5.6.2 1/4 环形加强板

通过各参数对主管管壁弯矩、剪力和主管轴力的影响曲线可以看出，主管管壁弯矩、剪力和主管轴力在负偏心的过程中三者存在相互作用的关系等式。

主管轴力与主管管壁剪力关系曲线如图 5-21 所示。

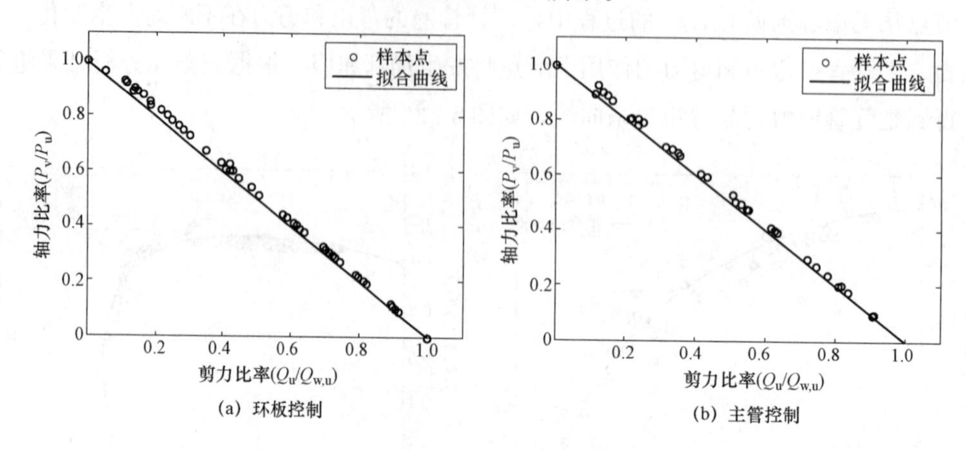

图 5-21 主管轴力与主管管壁剪力关系曲线图

对有限元分析结果进行拟合，得到主管轴力与等效横向力关系曲线如图 5-22 所示，得到在负偏心距为 $D/2$ 时主管轴力与等效横向力之间关系为：

$$\frac{P_v}{P_u}+\frac{Q_u}{Q_{w,u}}=1 \tag{5-42}$$

$$Q_{w,u}=[0.64\,(B/D)^{0.5}-0.08(B/D)-0.001(D/t)-1.81]Dtf_y \tag{5-43}$$

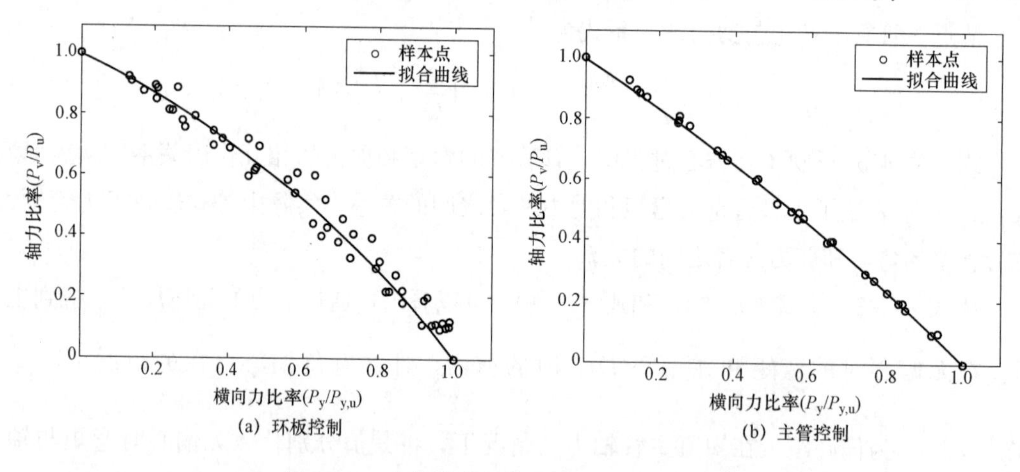

图 5-22 主管轴力与等效横向力关系曲线图

对有限元分析结果进行拟合，得到在无偏心时节点主管轴力与等效横向力之间关系为。

环板控制：

$$\left(\frac{P_v}{P_u}\right)^2+1.2\left(\frac{P_v}{P_u}\right)\left(\frac{P_y}{P_{y,u}}\right)+\left(\frac{P_y}{P_{y,u}}\right)^2=1 \tag{5-44}$$

主管控制：

$$\left(\frac{P_v}{P_u}\right)^2+1.6\left(\frac{P_v}{P_u}\right)\left(\frac{P_y}{P_{y,u}}\right)+\left(\frac{P_y}{P_{y,u}}\right)^2=1 \tag{5-45}$$

节点从无偏心到偏心 $D/2$ 的过程中，主管管壁的弯矩和剪力在不断地发生变化。在主管轴力、主管管壁弯矩和剪力的作用下节点将发生局部屈曲。根据有限元分析结果进行拟合得到主管管壁剪力与等效横向力关系曲线，如图 5 - 23 所示。

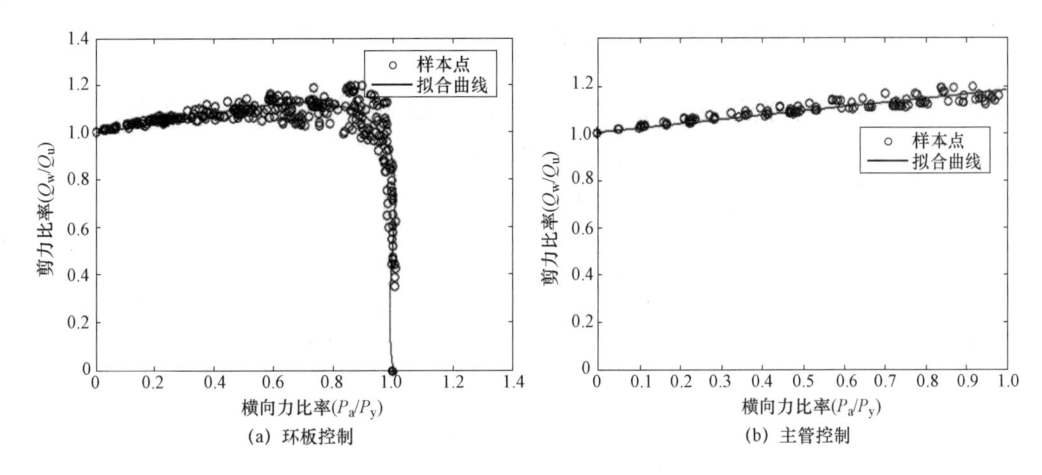

图 5 - 23 主管管壁剪力与等效横向力关系曲线图

P_a—有轴心有偏心时节点的等效横向力

对有限元分析结果进行拟合，得到主管管壁剪力与等效横向力之间关系。

环板控制：

$$\left(\frac{Q_w}{Q_u}\right)^4+0.43\left(\frac{Q_w}{Q_u}\right)^3\left(\frac{P_a}{P_y}\right)-0.83\left(\frac{Q_w}{Q_u}\right)^2\left(\frac{P_a}{P_y}\right)^2-0.47\left(\frac{Q_w}{Q_u}\right)\left(\frac{P_a}{P_y}\right)^3+\left(\frac{P_a}{P_y}\right)^4=1 \tag{5-46}$$

主管控制：

$$\left(\frac{Q_w}{Q_u}\right)-0.18\left(\frac{P_a}{P_y}\right)=1 \tag{5-47}$$

式（5 - 46）和式（5 - 47）反映了在偏心过程中主管管壁剪力与等效横向力的相互作用关系。从表面看，关系式表达了两者之间的关系，实际上等式反映了主管轴力、主管管壁的弯矩和剪力三者之间的关系。

从式（5 - 42）～式（5 - 47）可以看出，在节点的几何尺寸确定的情况下，首先要判断出无轴力无偏心时节点的承载力是由主管控制还是环板控制。在负偏心距为 $D/2$ 时，主管控制和环板控制的主管管壁剪力与主管轴力的关系式是相同的。因为在负偏心距为 $D/2$ 时节点的破坏模式都是相同的，即节点下端主管发生局部屈曲。在负偏心过程中，承载力由主管控制和环板控制的节点主管管壁剪力与等效横向力的表达关系式其形式是不一样的。承载力由主管控制的节点主管管壁剪力与等效横向力的关系表达式为线性关系。在知道主管轴力的情况下，将其值分别代入无偏心时节点等效横向力与主管轴力的关系式和偏心 $D/2$ 时主管管壁剪力与主管轴力的关系式中，得到 Q_u 和 M_u （$M_u = P_y \cdot B$）。此时，根据弯矩和剪力的关系式就能得到在不同的偏心距时的主管管壁弯矩和剪力。反之，知道弯矩，就能求出偏心距，从而算出此时主管的轴力。3 个等式还可以检验力的相互组合是否安全，以便用于指导设计。

5.6.3 1/2（全圆环）环形加强板

通过各参数对主管管壁弯矩、剪力和主管轴力的影响曲线可以看出，主管管壁弯矩、剪力和主管轴力在负偏心的过程中三者存在相互作用的关系等式。

主管轴力与等效横向力关系曲线如图 5-24 所示。

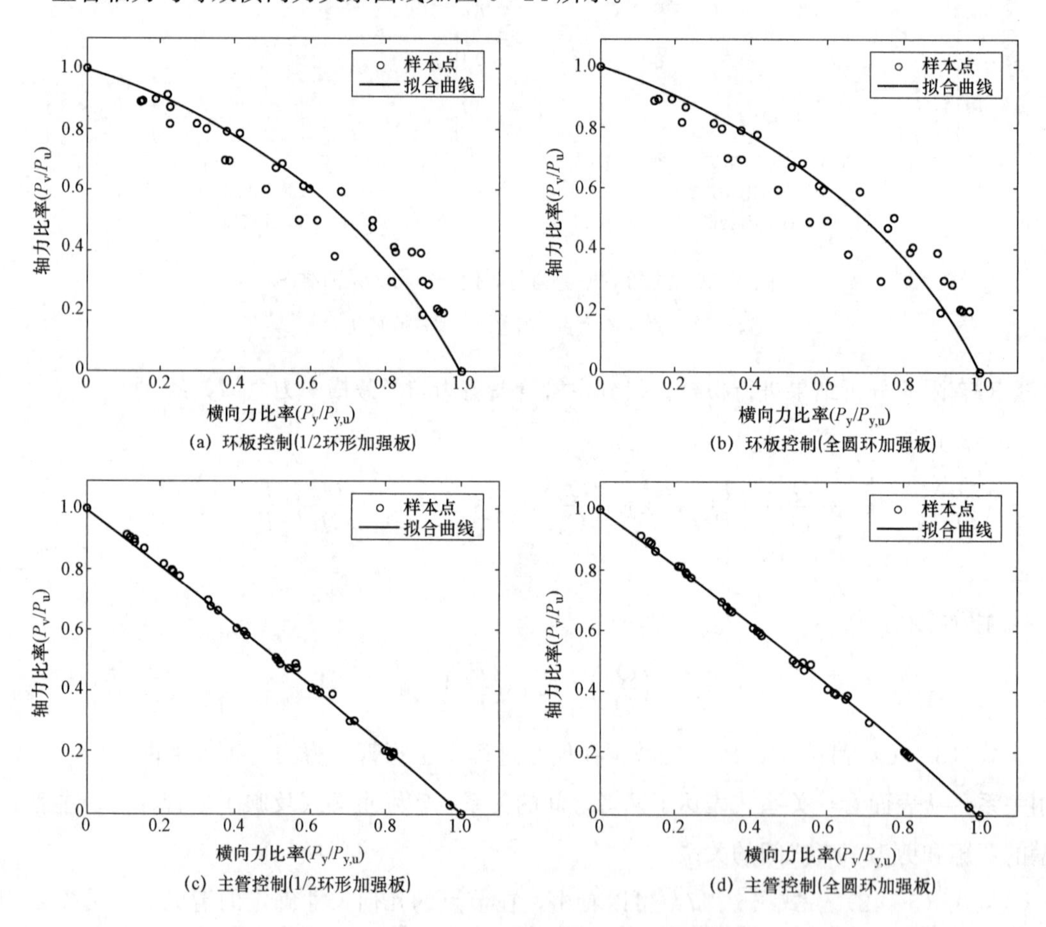

图 5-24 主管轴力与等效横向力关系曲线图

对有限元分析结果进行拟合，得到主管轴力与等效横向力之间关系。

环板控制：

$$\left(\frac{P_v}{P_u}\right)^2+0.75\left(\frac{P_v}{P_u}\right)\left(\frac{P_y}{P_{y,u}}\right)+\left(\frac{P_y}{P_{y,u}}\right)^2=1 \quad (5-48)$$

主管控制：

$$\left(\frac{P_v}{P_u}\right)^2+1.8\left(\frac{P_v}{P_u}\right)\left(\frac{P_y}{P_{y,u}}\right)+\left(\frac{P_y}{P_{y,u}}\right)^2=1 \quad (5-49)$$

主管轴力与主管管壁剪力关系曲线如图 5-25 所示。

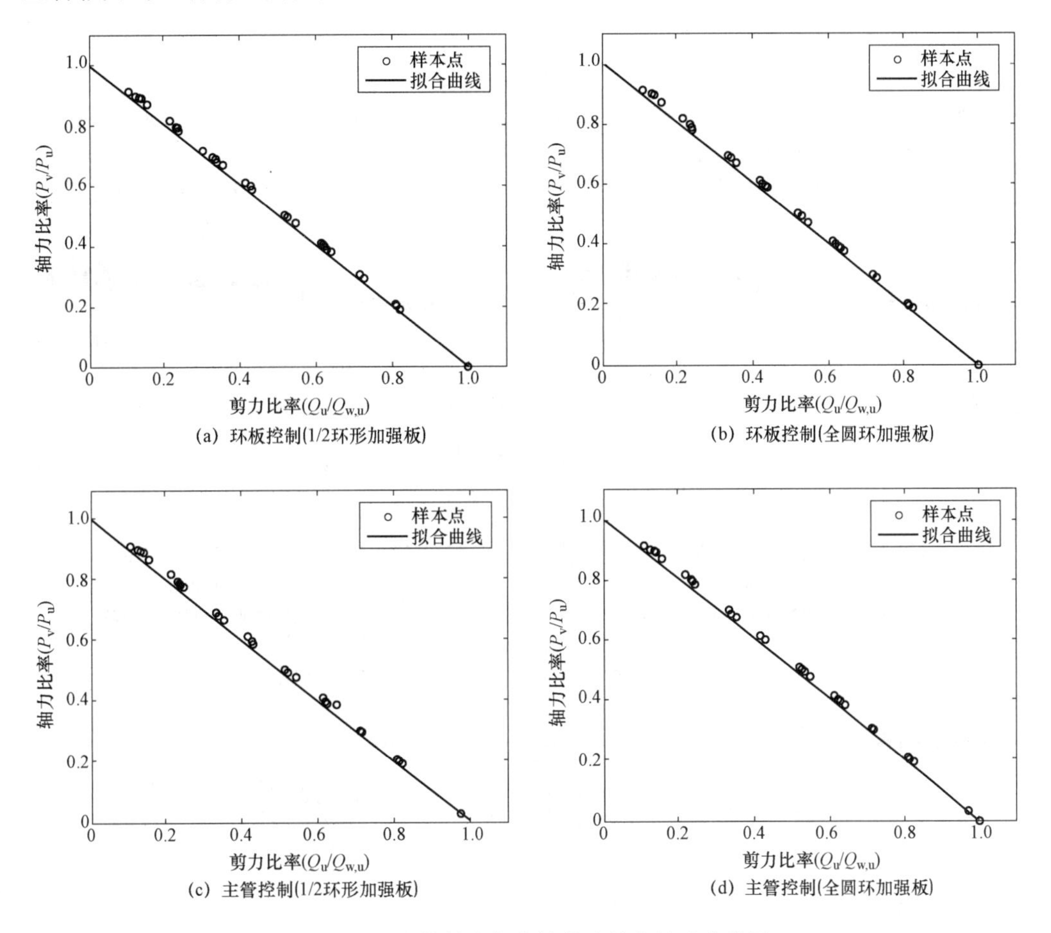

(a) 环板控制(1/2环形加强板)　(b) 环板控制(全圆环加强板)

(c) 主管控制(1/2环形加强板)　(d) 主管控制(全圆环加强板)

图 5-25　主管轴力与主管管壁剪力关系曲线图

对有限元分析结果进行拟合，得到主管轴力与主管管壁剪力之间关系为：

$$\frac{P_v}{P_u}+\frac{Q_u}{Q_{w,u}}=1 \quad (5-50)$$

1/2 环形加强板：

$$Q_{w,u}=[-2.54(B/D)^{0.5}+0.96(B/D)+4.19]Dtf_y \quad (5-51)$$

全圆环加强板：

$$Q_{w,u}=[-2.94(B/D)^{0.5}+1.07(B/D)+4.57]Dtf_y \quad (5-52)$$

主管管壁剪力与等效横向力关系曲线如图 5-26 所示。

对有限元分析结果进行拟合，得到主管管壁剪力与等效横向力之间关系。

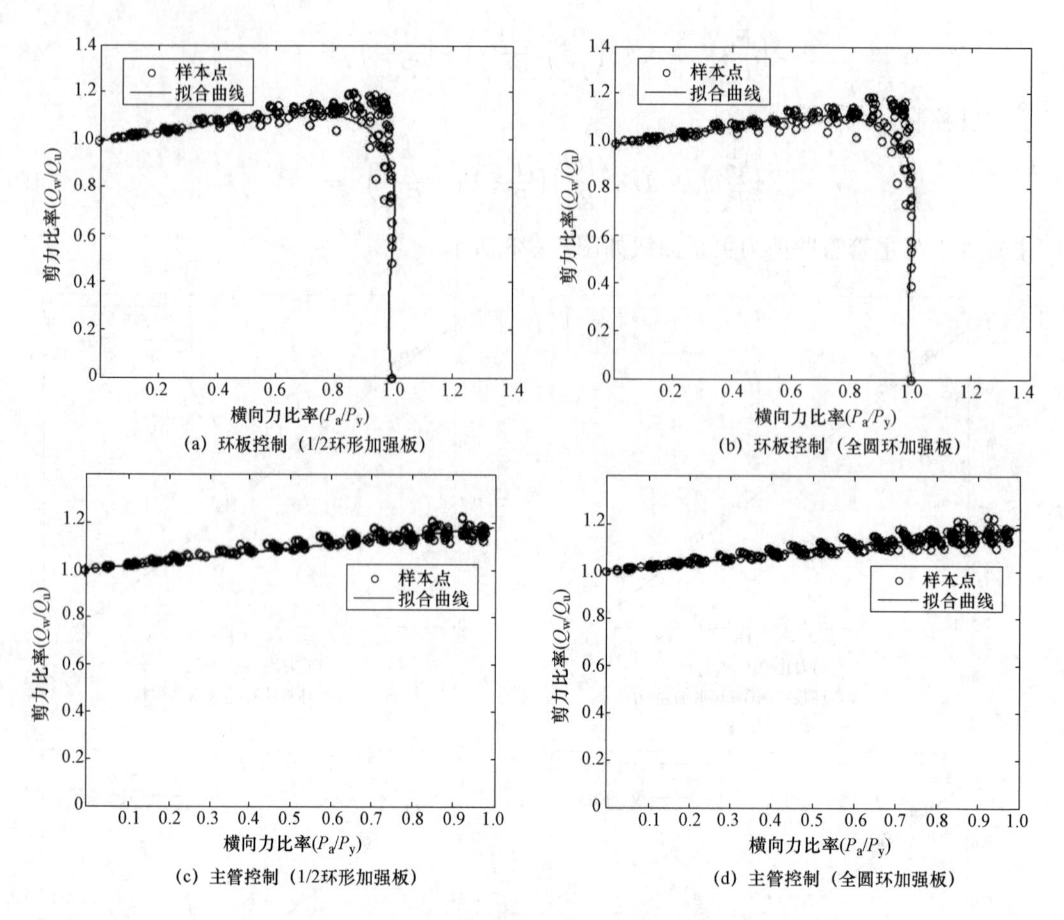

(a) 环板控制（1/2环形加强板）
(b) 环板控制（全圆环加强板）
(c) 主管控制（1/2环形加强板）
(d) 主管控制（全圆环加强板）

图 5-26　主管管壁剪力与等效横向力关系曲线图

环板控制：

$$\left(\frac{Q_w}{Q_u}\right)^4+0.43\left(\frac{Q_w}{Q_u}\right)^3\left(\frac{P_a}{P_y}\right)-0.83\left(\frac{Q_w}{Q_u}\right)^2\left(\frac{P_a}{P_y}\right)^2-0.47\left(\frac{Q_w}{Q_u}\right)\left(\frac{P_a}{P_y}\right)^3+\left(\frac{P_a}{P_y}\right)^4=1 \tag{5-53}$$

主管控制：

$$\left(\frac{Q_w}{Q_u}\right)-0.18\left(\frac{P_a}{P_y}\right)=1 \tag{5-54}$$

第6章 钢管—插板连接的K型节点全过程曲线计算方法

6.1 K型节点初始转动刚度计算方法

6.1.1 C型插板连接

节点板稳定计算简图如图6-1所示，根据有限元分析结果，对节点刚度取值进行拟合。拟合公式采用如下形式。

$$面内：y = f_y d_1^2 n x_1 \left(\frac{d_2}{t_2}\right)^{x_2} \left(\frac{t_1}{t_3}\right)^{x_3} \tag{6-1}$$

$$面外：y = El_{jeff} b_{jeff} e x_1 \left(\frac{T^2}{l_{jeff} b_{jeff}}\right)^{x_2} \tag{6-2}$$

式中 y——各拟合目标；

d_1——螺栓直径；

d_2——斜管直径；

n——螺栓颗粒；

t_1——插板厚度；

t_2——斜材厚度；

t_3——节点板厚度；

l_{jeff}——节点板有效长度；

b_{jeff}——节点板有效宽度；

x_1、x_2、x_3——微系数。

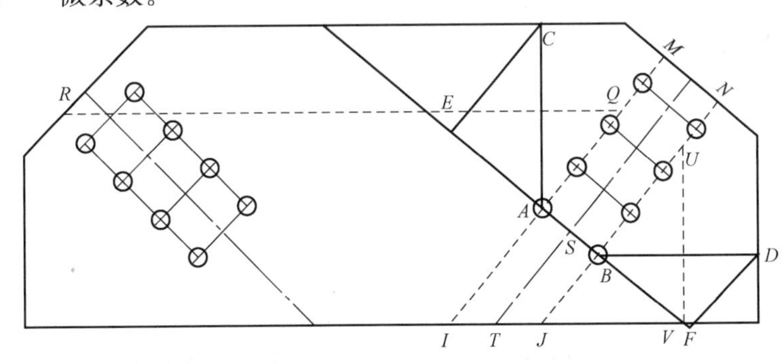

图6-1 节点板稳定计算简图

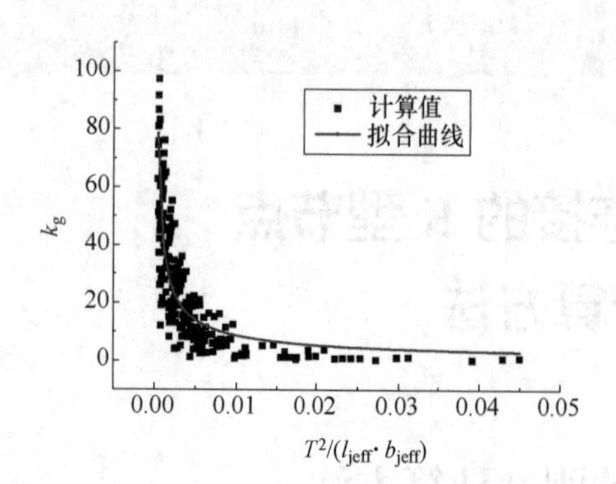

图 6-2 节点板面外屈曲系数拟合

节点板面外屈曲系数拟合如图 6-2 所示，目标的拟合公式如下。

面内：

$$K_i = f_y d_1^2 n^{1.34} \left(\frac{d_2}{t_2}\right)^{0.87} \left(\frac{t_1}{t_3}\right)^{5.03} \tag{6-3}$$

面外：

$$K_w = El_{jeff} b_{jeff} e^{-7.18} \left(\frac{t_3^2}{l_{jeff} b_{jeff}}\right)^{0.56} \tag{6-4}$$

面内刚度拟合和面外刚度拟合如图 6-3 和图 6-4所示。图中，直线在 1∶1 斜率线的位置，可表明大部分点落在很接近有限元值的位置附近，建议计算公式值和有限元值吻合较好。

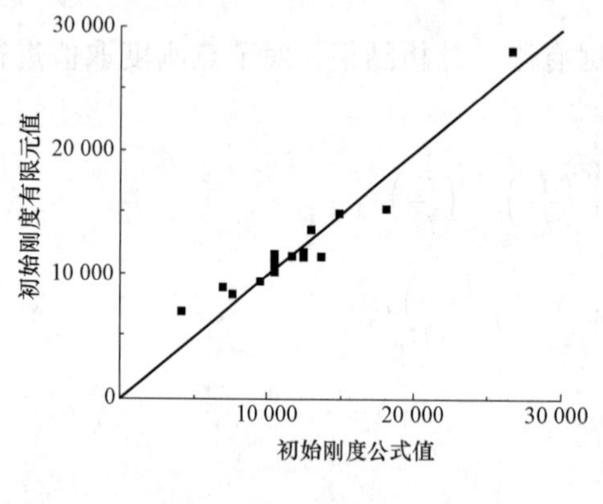

图 6-3 面内刚度拟合

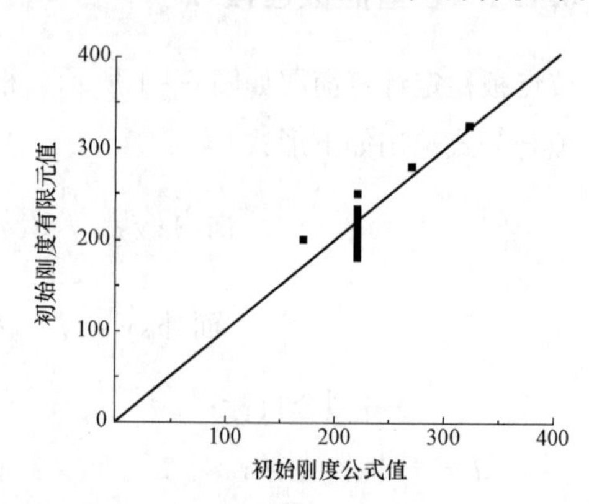

图 6-4 面外刚度拟合

6.1.2 十字插板连接

由有限元分析结果对节点刚度取值公式进行拟合。拟合公式统一采用如下形式。

$$面内：y = f_y d_1^2 n x_1 \left(\frac{d_2}{t_2}\right) x_2 \left(\frac{t_1}{t_3}\right) x_3 \tag{6-5}$$

$$面外：y = El_{jeff} b_{jeff} e x_1 \left(\frac{T^2}{l_{jeff} b_{jeff}}\right) x_2 \tag{6-6}$$

目标的拟合公式如下。

面内：

$$K_i = f_y d_1^2 n^{0.82} \left(\frac{d_2}{t_2}\right)^{0.17} \left(\frac{t_1}{t_3}\right)^{0.17} \tag{6-7}$$

面外：

$$K_w = El_{jeff} b_{jeff} e^{-7.17} \left(\frac{t_3^2}{l_{jeff} b_{jeff}}\right)^{0.14} \tag{6-8}$$

面内刚度拟合和面外刚度拟合如图 6-5 和图 6-6 所示。图中直线在 1∶1 斜率线的位置，可表明大部分点落在很接近有限元值的位置附近，因此公式计算结果和有限元结果符合较好。

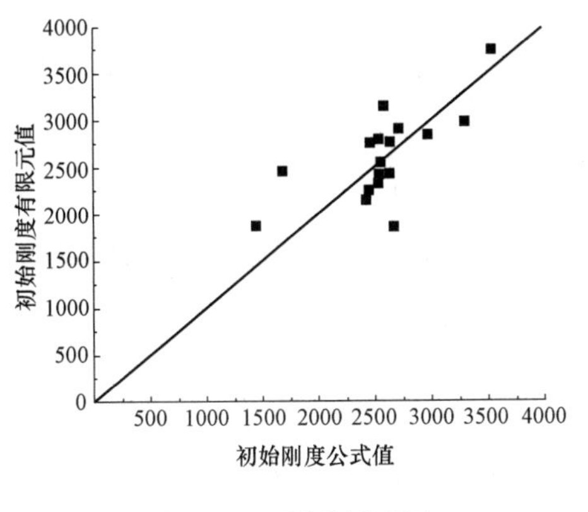

图 6-5　面内刚度拟合

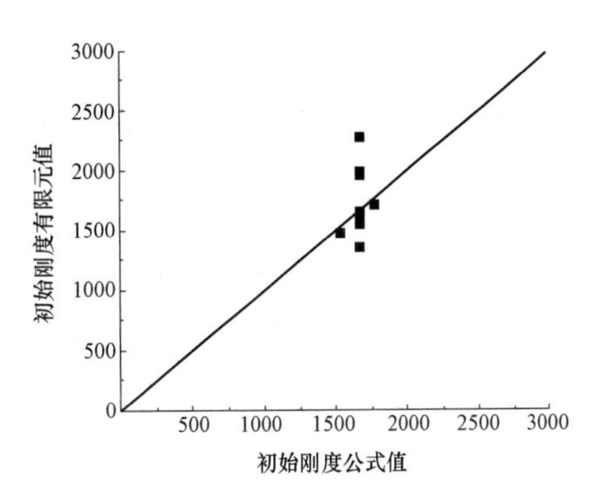

图 6-6　面外刚度拟合

6.2　节点弯矩—转角曲线研究

6.2.1　Kishi - Chen 幂函数模型

由于试验研究的有限性以及有限元分析相对费时的特点，纯粹的依赖试验或者有限元分析来求出节点的弯矩转角关系都不方便。因此，提出一种关于半刚性连接的弯矩转角的理论模型，可以直接根据连接方式和几何尺寸得到节点的弯矩转角关系。目前，研究者所提出的表达梁柱半刚性连接的 $M—\theta$ 关系曲线的模型很多，其中著名的 Kishi - Chen 模型因具有明确的物理意义、形式直观、应用方便而受到学者们的青睐。Kishi - Chen 模型的表达形式：

$$M=\frac{K_i\theta}{\left[1+\left(\frac{\theta}{\theta_0}\right)^n\right]^{\frac{1}{n}}} \tag{6-9}$$

$$\theta_0=M_u/K_i \tag{6-10}$$

式中　M_u——极限弯矩；

K_i——初始转动刚度；

n——刚度系数；

θ_0——相对塑性转角。

M_u 和 K_i 可以直接由有限元计算获得，形状系数可以通过一定数量的 $M—\theta$ 曲线校准求得。

式（6-9）形式简洁，涉及参数较少，具有很好的实用价值，模型曲线如图 6-7

所示。

通过使用有限元计算得到面内所有节点弯矩—转角曲线的初始转动刚度 K_i、极限弯矩 M_u 及塑性转角 θ_0，得到 $n=2$。

6.2.2 节点面内弯矩—转角曲线建议计算公式

通过试验及有限元分析可得，C 型插板连接节点面内弯矩转角曲线与 Kishi - Chen 模型形状基本一致，可用该弯矩转角模型对其进行拟合。由以上有限元分析结果采用 Origin 拟合极限弯矩、刚度系数和初始刚度的取值公式。拟合统一采用以下拟合公式：

$$y = nd_1 f_3 \left(\frac{d_2}{t_2}\right) x_2 \left(\frac{t_1}{t_3}\right) x_3 \tag{6-11}$$

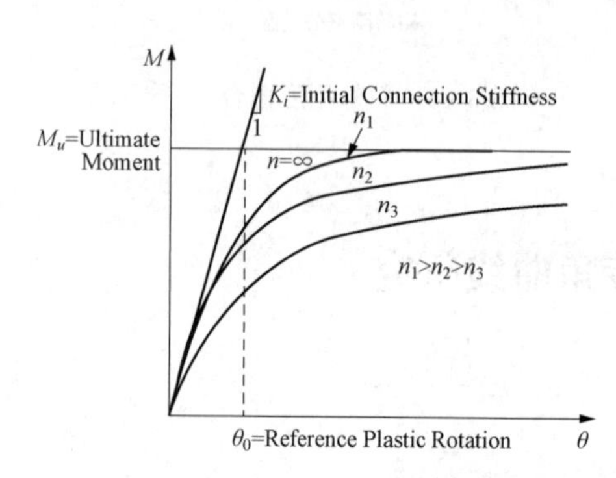

图 6 - 7　Kishi - Chen 的三参数幂函数模型

各目标的拟合公式见式（6 - 12）～式（6 - 14）。

$$M_u = nd_1 f_y d_2^{2.10} t_2^{5.90} t_1^{13.64} t_3^{-15.30} \tag{6-12}$$

$$K_i = f_y d_1^2 n^{1.34} \left(\frac{d_2}{t_2}\right)^{0.87} \left(\frac{t_1}{t_3}\right)^{5.03} \tag{6-13}$$

$$\theta_0 = M_u/K_i = n^{-0.34} d_1^{-1.00} d_2^{1.23} t_1^{8.61} t_2^{6.77} t_3^{-20.33} \tag{6-14}$$

塑性转角和弯矩拟合公式误差分析如图 6 - 8 和图6 - 9所示。图中直线为 1 ∶ 1 斜率线的位置，可表明大部分点落在很接近有限元值的位置附近，公式计算结果和有限元结果符合较好。

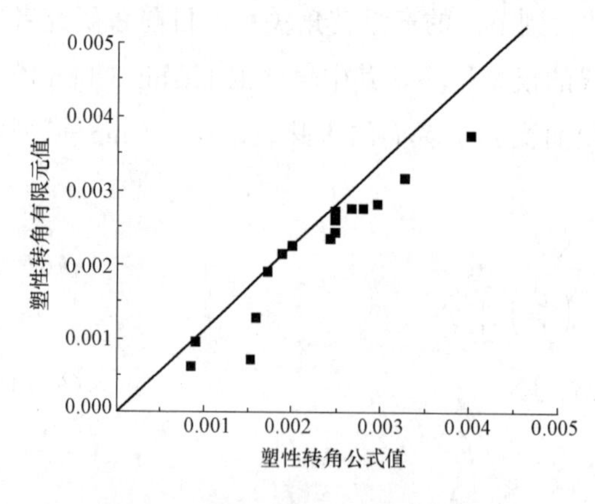

图 6 - 8　塑性转角拟合公式误差分析

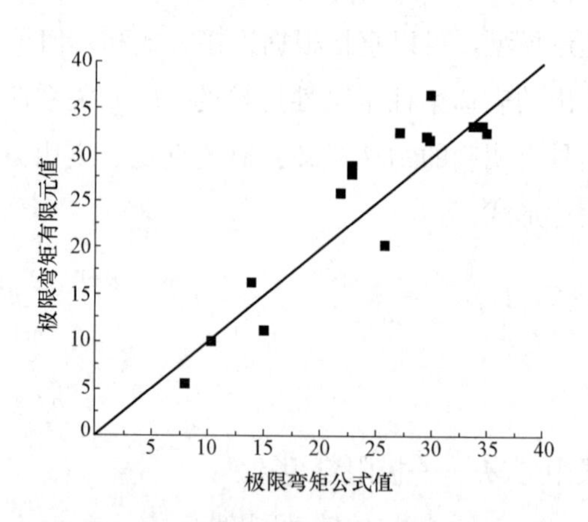

图 6 - 9　极限弯矩拟合公式误差分析

试验节点对应的试验曲线与 Kishi - Chen 曲线的对比如图 6 - 10 和表 6 - 1 所示。

Kishi - Chen 模型拟合得出的极限弯矩及初始刚度均比试验吻合较好。因此，按 Kishi - Chen 模型计算节点的弯矩—转角曲线是可行的。

表 6-1　　节点初始刚度拟合值与试验值对比

序号	初始刚度试验值	初始刚度建议计算值	初始刚度建议计算值/初始刚度试验值
K1	12 868	10 590	82.30%
K2	18 346	15 391	83.89%
K3	7998	7025	87.83%
K4	13 935	14 970	107.43%
K5	8758	8442	96.39%

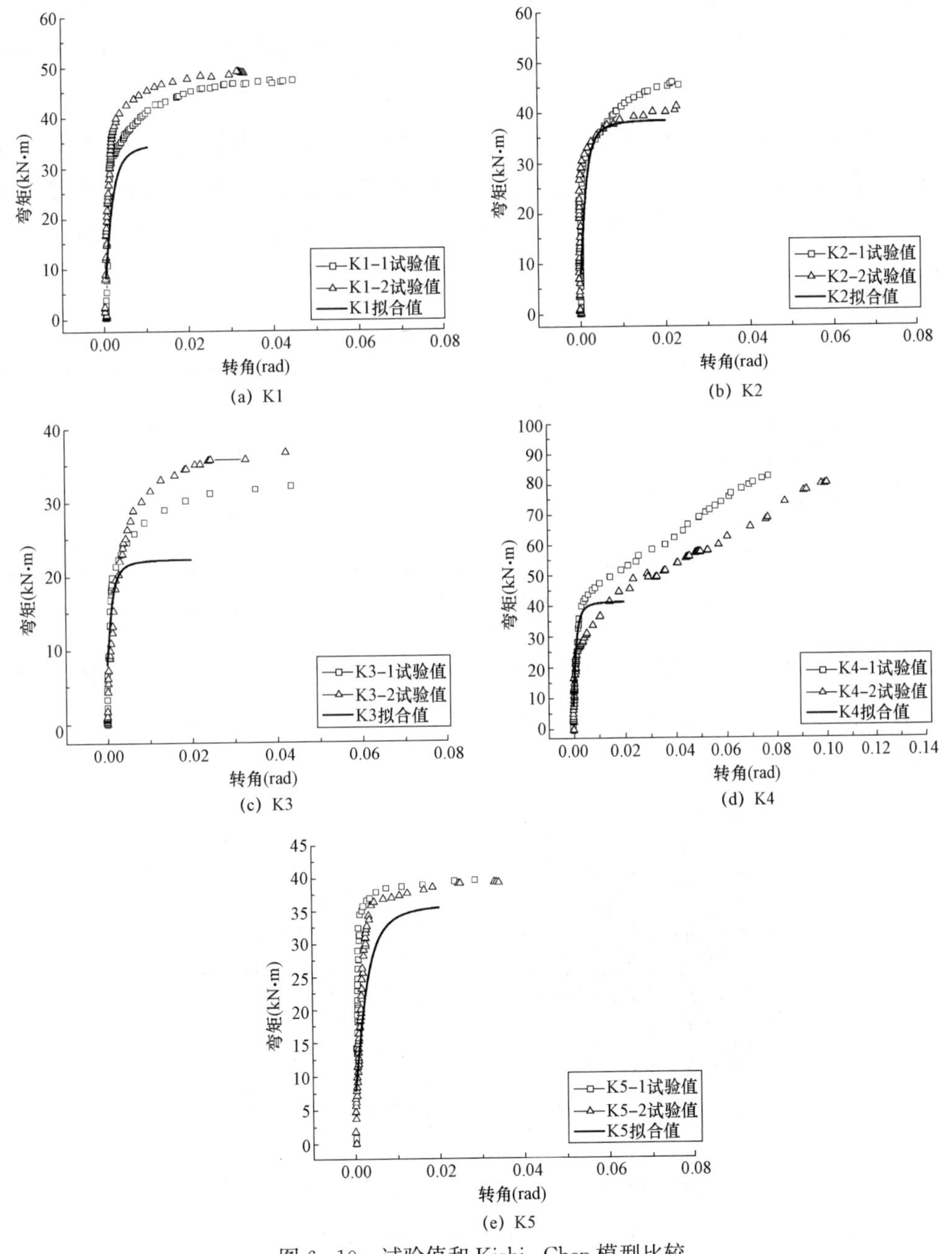

图 6-10　试验值和 Kishi-Chen 模型比较

6.3 考虑节点半刚性的钢管塔受力特性

6.3.1 典型杆塔选取及模型

结合近年来交流特高压工程设计情况，典型塔选取潍坊—临沂—枣庄—菏泽—石家庄1000kV特高压交流输变电工程SZC27103J直线塔，60m呼高。该塔型的设计吸取了近年来国内钢管塔的设计经验，且在工程中应用广泛，比较具有代表性。考虑到钢管塔主斜材节点以C型插板连接为主，本项目仅针对C型插板节点进行半刚性特性研究。

对选定典型塔，分别用全铰接、主材刚接斜材铰接、主材刚接斜材半刚接、全刚接4种模型进行铁塔设计。为表述方便，记全铰接模型为TJ、主材刚接斜材铰接模型为TZG、主材刚接斜材半刚接模型为TBG、全刚接模型为TG，4种模型各位置节点假定如表6-2所示。

表6-2 4种模型各位置节点假定

节点位置	TJ	TZG	TBG	TG
角钢构件连接节点	铰接	铰接	铰接	铰接
主材与主材连接节点	铰接	刚接	刚接	刚接
塔身主材与斜材连接节点	铰接	铰接	半刚性	刚接
横担主材与斜材连接节点	铰接	铰接	半刚性	刚接

注 塔身和横担半刚性节点刚度根据数值分析结果，分别取为6000kN·m/rad和1300kN·m/rad。

主、斜材半刚性节点有限元建模如图6-11所示，其中斜材EF、MN、OP，主材JI、IK都用梁单元建模，主材KI、IJ节点为刚性节点，主、斜材连接节点即节点IE、IM、IO采用半刚性节点单元建模。

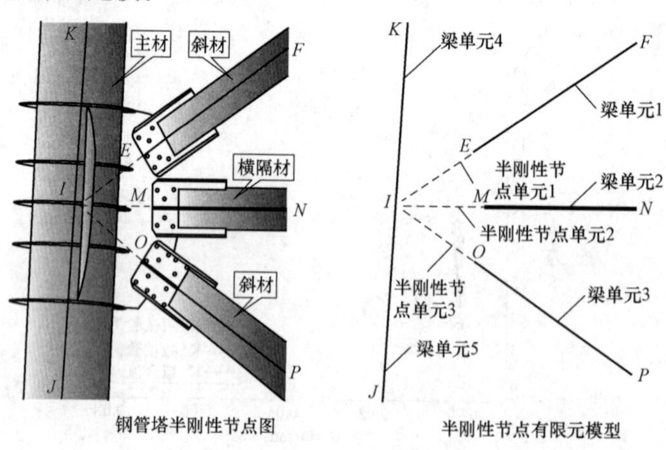

图6-11 半刚性节点有限元建模

本次设计对比采用的分析软件包括 SAP2000、SmartTower 与自编构件压弯承载力验算程序。其中，SAP2000 主要用于构件内力计算，SmartTower 与自编计算程序用于结构选材设计。

6.3.2　计算结果对比

在 4 个模型的结果对比中，为了更好地分析各部位主材受节点模型的影响程度及其原因，本报告按照主材所在位置将主材分为 6 个部分，即图 6-12 和表 6-3 所示的 6 个部分，以及塔身其他主材。

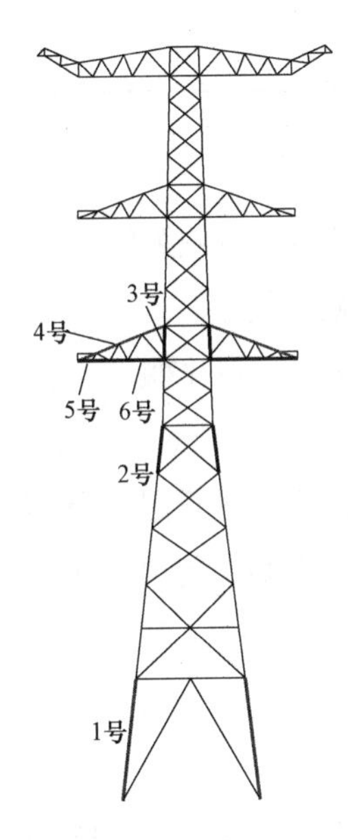

图 6-12　主要对比位置

表 6-3　主材位置分组

构件编号	所属位置	位置描述
1号	塔身	塔腿
2号	塔身	变坡
3号	塔身	横担交界
4号	横担	上平面
5号	横担	导线挂点
6号	横担	下平面

6.3.3　最大轴力对比

不同模型各位置主材最大轴力对比如表 6-4 所示。

表 6-4　　各位置主材最大轴力对比

主材位置		TJ	TZG	TBG	TG	最大变化幅度 (TG/TJ-1)
塔身主材	塔腿	−4580.44	−4577.13	−4575.61	−4575.45	−0.11%
	变坡	−4298.17	−4192.55	−4192.42	−4192.11	−2.47%
	横担交界	−3045.24	−3018.97	−3015.62	−3004.81	−1.33%
	其他	−4475.16	−4383.78	−4382.6	−4380.1	−2.11%
横担主材	上平面	620.2	609.87	582.14	544.96	−12.13%
	导线挂点	−719.47	−711.93	−706.83	−638.1	−11.31%
	下平面	−830.3	−809.28	−796.82	−725.4	−12.63%

从中可以看出：

（1）相比于 TJ 模型，TZG、TBG、TG 模型主材轴力都有所减小，减小的幅度依次增大，与塔身相比，横担主材轴力减小较多。

（2）TZG 与 TBG 轴力结果很接近，可见假定主材为连续梁单元后，主斜材节点刚度对主材的轴力影响不大。

朱登杰曾对皖电东送某耐张塔钢管塔进行过节点刚度对主材轴力的影响分析，钱程等也曾对某直线钢管塔进行过考虑节点半刚性的风致响应分析，结果均与上述计算结果基本相符。

6.3.4　次生弯矩图

TBG 模型主要控制工况下的次生弯矩如图 6-13 所示，模型 TZG、TG 的次生弯矩图与之类似。

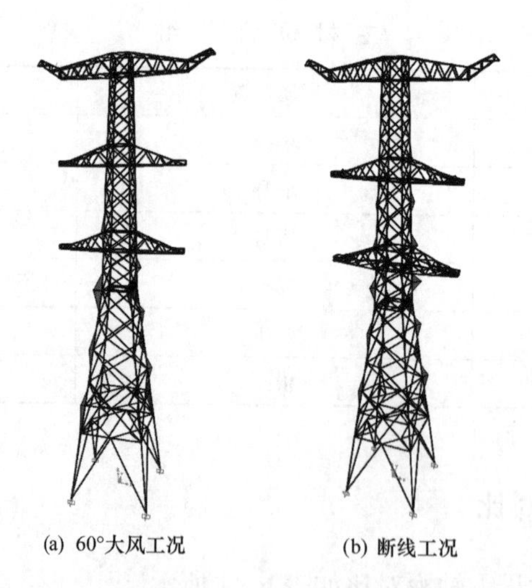

(a) 60°大风工况　　(b) 断线工况

图 6-13　TBG 模型主要控制工况下的次生弯矩图

从图 6-13 可以看出，塔身变坡处主材次生弯矩最大，塔身靠近塔腿处、塔身与横担交界处、导线挂点附近的主材弯矩也较大，而斜材端部弯矩基本可以忽略不计，计算结果与李茂华等、杨靖波等做过的钢管塔节点计算模型对塔身主材弯矩的影响分析结论基本相符。

6.3.5　弯矩应力占比

4 种模型各位置主材总应力比及弯矩应力占比如表 6-5 所示，其中，模型 TZG、TBG 和 TG 中的钢管构件应力比采用《钢结构设计标准》(GB 500017—2017) 8.2.4 节公式计算。

表 6-5　　4 种模型各位置主材总应力比及弯矩应力占比

主材位置		总应力比（弯矩应力占比）		
		TZG	TBG	TG
塔身	塔腿	0.935 (3.16%)	0.935 (3.21%)	0.919 (1.52%)
	变坡	1.053 (15.87%)	1.052 (15.77%)	1.056 (16.10%)
	横担交界	1.078 (11.01%)	1.076 (10.93%)	1.111 (14.00%)
	其他	1.027 (8.91%)	1.036 (9.84%)	1.049 (10.87%)
横担	上平面	1.100 (16.14%)	1.121 (21.47%)	1.318 (37.48%)
	导线挂点	1.156 (14.80%)	1.204 (18.77%)	1.204 (26.66%)
	下平面	0.977 (1.53%)	0.986 (3.97%)	0.959 (10.11%)

从上表可以看出：

(1) 横担上平面、导线挂点、塔身变坡处、塔身与横担交界处主材的总应力比超限且弯矩应力占比较大。

(2) TZG 与 TBG 应力结果很接近，说明次弯矩主要因为钢管主材的刚性引起，主斜材之间的刚度对主材内力和次弯矩的影响较小。

6.3.6　选材规格

按 4 种模型设计后的塔身和横担主材规格如表 6-6 所示。

表 6-6　　4 种模型设计后的塔身和横担主材规格

杆件起止点号	主材位置		TJ	TZG	TBG	TG
1310～1390	塔身	塔腿	R559×11	R559×11	R559×11	R559×11
5150～5990		变坡	R508×11	R559×11	R559×11	R559×11
870～1070		横担交界	R406×9	R457×9	R457×9	R457×9
5050～5150		其他	R508×11	R529×11	R529×11	R529×11

续表

杆件起止点号	主材位置		TJ	TZG	TBG	TG
970～1170	横担	上平面	R159×5	R180×5	R180×5	R219×5
1130～1160		导线挂点	R194×5	R219×5	R203×6	R203×6
1070～1080		下平面	R219×5	R219×5	R219×5	R219×5

从中可以看出：

（1）从选材规格大小上，依次是 TG≥TBG≥TZG≥TJ。

（2）按铰接设计时，由于忽略了次弯矩效应，其规格明显偏小。

（3）按全刚接设计时，由于部分杆件次弯矩效应明显，主材规格最大。

（4）从 TZG 到 TG 的主材规格差异较小，可见当主材考虑为梁单元时，考虑或不考虑主斜材节点刚度对主材规格的影响较小。

6.3.7 塔重对比

4 种模型的计算塔重对比如表 6-7 所示。当前的钢管塔设计中，通常采用铰接模型计算，并对主材用梁单元进行压弯验算的方式，即实际计算塔重为 TZG 模型的塔重 m_1。

表 6-7　　4 种模型的计算塔重对比

TZG 塔重 m_1	TBG 塔重 m_2	TG 塔重 m_3	TJ 塔重 m_4	m_2/m_1	m_3/m_1	m_4/m_1
88.7	89.5t	91.5t	86.8t	1.009	1.032	0.979

从表 6-7 可见，设计塔重排序为 TG＞TBG＞TZG＞TJ，且 TBG 与 TZG 模型计算塔重十分接近。

综合上述对比分析可以看出，模型 TZG 与 TBG 在内力、弯矩应力占比、塔重方面均十分接近。

究其原因，根据《钢结构设计标准》（GB 500017—2017）第 5.1.5 第 3 款，当支管长径比不小于 24 时，可视为铰接节点。李茂华等（2010）的研究也验证过该条文应用于钢管塔中的合理性。本次计算采用的典型塔斜材的长径比普遍都大于 24，因此主斜材更偏于铰接形式。

在工程设计中，可采用 TZG 模型进行设计，对导线挂点、横担上平面主材等 TBG 模型弯曲应力明显大于 TZG 模型位置，适当留有裕度。当然，按照建议方法进行钢管塔设计后，再考虑节点半刚性的经济效益便不够明显了。

6.3.8 按全铰接模型设计的主材安全裕度

考虑到不少设计单位存在按全铰接模型设计的习惯，结合上文分析结果，可得出全铰接模型对除 TJ 模型外的 3 种模型的主材安全裕度建议值。

按 TJ 模型设计的主材安全裕度如表 6-8 所示，从中可以看出，横担上平面、导线挂点、塔身变坡处的主材需预留的安全裕度较大。

表 6-8　按 TJ 模型设计的主材安全裕度

主材位置		按 TZG 模型校验安全裕度	按 TBG 模型校验安全裕度	按 TG 模型校验安全裕度
塔身	塔腿	5%	5%	5%～10%
	变坡	15%～20%	15%～20%	15%～20%
	横担交界	10%～15%	10%～15%	10%～15%
	其他	5%～10%	5%～10%	5%～10%
横担	上平面	15%～20%	15%～20%	30%～40%
	导线挂点	25%～30%	25%～30%	30%～35%
	其余位置	5%～10%	5%～10%	5%～10%

第7章 总结与展望

7.1 本书总结

目前钢管塔节点形式普遍采用插板连接。国内外对受力比较复杂的插板节点研究较少，现有设计理论还不完善，且存在一些不合理性。针对这一现象本书对输电钢管塔插板连接的K型节点的受力性能和半刚性性能进行了研究，主要内容如下。

（1）由于钢管—插板连接的K型节点受力性能较复杂，本书对K型节点进行了足尺试验，探讨了节点在极限状态下的破坏现象和破坏机理。根据试验结果和有限元分析发现，在拉压荷载作用下其破坏模式分为主管局部屈服、环形加强板屈服和节点板破坏3种。本书分析了在不同破坏模式下参数对节点承载力的影响。基于主管控制的节点承载力随着主管径厚比的增大而减小，随着节点板高度与主管直径之比的增加而增大；基于环板控制的节点承载力不仅与主管壁厚、管径、节点板高度、现时状态下屈服区域内中截面顶部挠度有关，还和环形加强板的高度，厚度以及节点板连接的方式密切相关。环形加强板改善了节点的受力性能，保证了力的传递的可靠性。

（2）在试验和有限元分析结果的基础上，根据能量原理，推导了荷载作用下K型节点的承载力公式。所提出的分析模型能较准确反映节点局部屈服时塑性铰的发展，简化了节点复杂的受力状态，考虑了环板和钢管的共同作用，计算结果较符合通过试验和有限元得到的变形特征和数据结果。所建议的公式考虑了三管轴力共同作用对节点极限承载力的影响，为K型钢管节点极限承载力设计提供了依据。

极限承载力的理论分析与试验结果比较如表7-1所示。

表7-1　　极限承载力的理论分析与试验结果比较

试件编号	试验结果（kN·m）	有限元值（kN·m）	能量法（kN·m）	能量法/试验结果	能量法/有限元
C1-1	>139.25	168.42	150.23	—	0.892
C1-2	>140.71				
C1-3	>139.56				
均值	>139.84				

续表

试件编号	试验结果（kN·m）	有限元值（kN·m）	能量法（kN·m）	能量法/试验结果	能量法/有限元
C2-1	＞138.21	148.46	131.43	＜0.950	0.885
C2-2	＞136.10				
C2-3	＞140.57				
均值	＞138.29				
U3-1	126.49	108.78	100.68	0.876	0.926
U3-2	107.51				
U3-3	110.71				
均值	114.90				
S4-1	128.12	123.89	112.88	0.845	0.911
S4-2	142.44				
S4-3	130.33				
均值	133.63				

从表7-1可以看出，利用能量原理求解的K型节点极限承载力，均比有限元结果偏小，与试验结果的偏差约为14%。这主要是没有考虑剪力对主管管壁的影响和材料的强化阶段对承载力的影响所致。

（3）钢管—插板连接节点板存在两种破坏模式，受拉时表现为撕裂（含拉裂和拉剪破坏），受压时表现为板平面外失稳。螺栓连接的节点板受拉时，除可能出现采用焊缝连接时的三折线拉裂破坏以外，还可能出现沿顺受力方向螺栓孔间截面的块状拉剪破坏。当采用多列螺栓连接时，还可能同时显示出两种破坏模式。与无环形加强板的节点板受压承载力相比，有环形加强板的节点板承载力得到明显提高。节点板中部加肋和十字插板连接改变了节点板失稳的破坏模式及失效路径，大大地提高了节点板的承载力。节点板自由边卷边的措施对基于局部屈曲模式的节点板承载力的提高更加有效。建议的计算公式考虑了不同破坏模式下节点板宽厚比、无支长度以及节点板构造等对其稳定性的影响，较好地确定出插板连接节点板的受压承载力。

以64组有限元数据为参照，对本书建议公式、《钢结构设计标准》（GB 50017—2017）稳定公式和Thornton公式的计算结果及试验结果进行了比较分析，如表7-2所示。

表7-2　　建议公式计算结果与试验结果比较

试件	P_t	P_P	P_T	P_W	P_T/P_t	P_W/P_t	P_P/P_t
GP1	1956	1762	1142	1216	0.584	0.622	0.901
GP2	1356	1165	828	930	0.611	0.686	0.859
GP3	742	716	439	555	0.592	0.748	0.884

续表

试件	P_t	P_P	P_T	P_W	P_T/P_t	P_W/P_t	P_P/P_t
SP1	1606	1476	1072	1852	0.667	1.153	0.919
SP2	1010	984	592	1416	0.586	1.402	0.915
AP1	1720	1644	1119	1216	0.651	0.707	0.933
AP2	1210	1100	801	930	0.662	0.769	0.909
AP3	728	746	404	555	0.555	0.762	0.846
MP1	1933	1877	1142	1216	0.591	0.629	0.935
MP2	1316	1347	828	930	0.629	0.707	1.024
MP3	721	607	439	555	0.609	0.770	0.842
MP3A	819	801	439	555	0.536	0.678	0.905
MP3B	821	770	439	555	0.535	0.676	0.914
C1S	633	566	374	469	0.591	0.741	0.894
C2S	660	602	431	519	0.653	0.786	0.912
C3S	680	609	498	577	0.732	0.849	0.896
C4S	420	442	386	419	0.919	0.998	0.910
U586	374	395	318	364	0.850	0.973	0.949
均值					0.642	0.814	0.908
变异系数					0.159	0.247	0.081

注　表中 P_t为试验值，kN；P_P为本文建议方法计算值，kN；P_T 为 Thornton 公式计算值；T_W 为《钢结构设计标准》(GB 50017—2017) 稳定公式计算值，kN。

表 7-2 中前 13 组数据来自文献。从表 7-2 可以看出，本书建议公式的计算结果与试验结果最接近，吻合性较高，具有较好的适用性。

(4) 在主管平面内失稳的破坏模式下，负偏心对主管承载力的影响显著且极为不利；在节点发生局部屈曲的破坏模式下，根据等效受力模型分析了在负偏心作用下主管轴力、主管管壁剪力和弯矩三者之间的相互关系并提出了建议公式。

本书建议公式计算结果与文献试验结果比较如表 7-3 所示。

表 7-3　　建议公式计算结果与文献试验结果比较

试件	试验值		建议公式计算值		建议公式计算值/试验值	
	$P_{v,t}$	$P_{v,t}+Q_{u,t}$	$P_{v,J}$	$P_{v,J}+Q_u$	$P_{v,t}/P_v$	$(P_{v,J}+Q_u)/(P_{v,t}+Q_{u,t})$
PA00	107.800	107.800	109.623	109.623	1.017	1.017
PA10	100.548	110.544	101.616	111.721	1.011	1.011
PA30	76.940	99.96	70.295	91.327	0.914	0.914
PA70	53.488	90.944	48.765	82.914	0.912	0.912
PA31	72.461	94.178	76.970	100.038	1.062	1.062

续表

试件	试验值		建议公式计算值		建议公式计算值/试验值	
	$P_{v,t}$	$P_{v,t}+Q_{u,t}$	$P_{v,J}$	$P_{v,J}+Q_u$	$P_{v,t}/P_v$	$(P_{v,J}+Q_u)$ / $(P_{v,t}+Q_{u,t})$
PA71	60.829	103.096	64.974	110.121	1.068	1.068
PB30	72.716	94.472	77.626	100.851	1.068	1.068
PC30	59.447	77.224	62.426	81.094	1.050	1.050

注 $P_{v,t}$为主管轴力试验值，$P_{v,j}$为主管轴力建议公式计算值，$P_{v,t}+Q_{u,t}$为主管竖向力试验值，$P_{v,J}+Q_u$为主管竖向力建议公式计算值。

从表7-3可以看出，建议公式计算值与试验结果最大相差约9%，吻合较好，建议公式具有较好的适用性。

（5）对典型钢管塔，分别采用全铰接、主材刚接斜材铰接、主材刚接斜材半刚接、全刚接4种模型进行受力分析表明钢管塔横担上平面、导线挂点、塔身变坡处、塔身与横担交界处主材次弯矩较为明显，次弯矩主要由主材节点刚性引起，主斜材节点刚度对钢管塔内力的影响较小；按全刚接模型设计的塔重最重，偏于保守。按全铰接设计的塔重最轻，但偏于不安全。当采用全铰接模型进行钢管塔设计时，应对次弯矩较明显的位置留有足够的安全裕度。

在钢管塔设计中的经济性，分别选择典型直线塔和耐张塔进行整塔测算。选择潍坊—临沂—枣庄—菏泽—石家庄1000kV特高压交流输变电工程SZC27103J塔，耐张塔选择武汉—南昌1000kV特高压交流线路工程SJ30152塔。所选择典型塔型的设计吸取了近年来国内钢管塔的设计经验，且在工程中应用广泛，比较具有代表性，典型塔单线图如图7-1所示。

主斜材节点半刚性性能对输电钢管塔节点连接的构件内力和承载力均有较大影响。因此，对受压构件长细比及其修正系数K的建议工程方法如表7-4所示。对选定典型塔，分别考虑节点半刚性进行内力分析，并采用工程方法对构件长细比进行修正。部分构件由于调整计算长细比后承载力提高，相应规格可减小，计算结果如表7-5和表7-6所示。

表7-4　　受压构件长细比及其修正系数K的建议工程方法

序号	杆件端部受力情况	长细比	长细比修正系数K	适用构件举例
1	一端或两端有约束	$0<L_0/r<120$	0.92	转动刚度为50 kN·m/rad以上
2	一端有约束	$120\leqslant L_0/r\leqslant 225$	$0.762+\frac{28.6}{L_0/r}\cdot\left(\frac{50}{L_0/r}\right)^{0.45}$	转动刚度为50kN·m/rad以上
3	两端有约束	$120\leqslant L_0/r\leqslant 225$	$0.615+\frac{46.2}{L_0/r}\left(\frac{50}{L_0/r}\right)^{0.25}$	转动刚度为50kN·m/rad以上

注 L_0为构件计算长度，r为构件计算回转半径。

表 7-5　　SZC27103J 构件规格调整对比表

序号	构件编号	现行规范计算结果			工程方法计算结果		
		构件规格	计算长细比	稳定系数	计算长细比	稳定系数	新规格
1	350 - 371	R140×4H	61	0.72	56.12	0.76	R127×4
2	350 - 372	R114×4H	76	0.27	103.62	0.40	R89×4
3	370 - 411	R140×4H	59	0.74	54.28	0.77	R127×4
4	370 - 412	R140×4H	59	0.74	54.28	0.77	R127×4
5	410 - 421	R140×4H	62	0.72	57.04	0.75	R127×4
6	410 - 422	R140×4H	62	0.72	57.04	0.75	R127×4
7	420 - 431	R140×4H	65	0.69	59.8	0.73	R127×4
8	420 - 432	R140×4H	65	0.69	59.8	0.73	R127×4
9	430 - 471	R140×4H	68	0.66	62.56	0.71	R127×4
10	430 - 472	R140×4H	68	0.66	62.56	0.71	R127×4
11	470 - 671	R159×4H	64	0.7	58.88	0.74	R159×4
12	470 - 672	R159×4H	64	0.7	58.88	0.74	R140×4
13	670 - 811	R159×4H	69	0.66	63.48	0.70	R140×4
14	670 - 812	R159×4H	69	0.66	63.48	0.70	R159×4
15	810 - 821	R159×4H	71	0.64	65.32	0.69	R140×4
16	810 - 822	R159×4II	71	0.64	65.32	0.69	R140×4
17	820 - 871	R159×4H	73	0.62	67.16	0.67	R140×4
18	820 - 872	R159×4H	73	0.62	67.16	0.67	R140×4
19	870 - 1071	R159×4H	73	0.62	67.16	0.67	R159×4
20	870 - 1072	R159×4H	73	0.3	99.26	0.43	R114×4
21	1070 - 1291	R168×5H	70	0.65	64.4	0.69	R159×5
22	1070 - 1292	R159×4H	73	0.62	67.16	0.67	R140×4
23	1290 - 1311	R168×5H	74	0.62	68.08	0.66	R168×4
24	1290 - 1312	R159×4H	77	0.59	70.84	0.64	R140×4
25	1310 - 1391	R180×5H	90	0.19	133.78	0.26	R140×4
26	1310 - 1392	R180×5H	90	0.21	118.14	0.32	R159×4
27	1390 - 1411	R180×5H	107	0.38	98.44	0.43	R159×5
28	1390 - 1412	R180×5H	107	0.17	122.7	0.30	R114×4
29	1410 - 1531	R194×5H	110	0.13	154.07	0.21	R140×4
30	1410 - 1532	R194×5H	110	0.14	135.45	0.26	R127×4
31	1530 - 4151	R194×5H	122	0.31	112	0.35	R159×5
32	1530 - 4152	R194×5H	122	0.31	112	0.35	R159×5

注　*R* 为圆管外径，*H* 为圆管厚度。

表 7-6　　SJ30152 构件规格调整对比表

序号	构件编号	现行规范计算结果			工程方法计算结果		
		构件规格	计算长细比	稳定系数	计算长细比	稳定系数	新规格
1	1960 - 2020	R140×4H	92	0.48	84.64	0.53	R127×4

续表

序号	构件编号	现行规范计算结果			工程方法计算结果		
		构件规格	计算长细比	稳定系数	计算长细比	稳定系数	新规格
2	1932 - 1960	R127×4H	81	0.55	74.52	0.61	R114×4
3	1870 - 1932	R127×4H	66	0.68	60.72	0.72	R114×4
4	2860 - 2920	R159×4H	97	0.44	89.24	0.49	R140×4
5	2832 - 2860	R140×4H	91	0.48	83.72	0.54	R114×4
6	2772 - 2830	R140×4H	68	0.66	62.56	0.71	R127×4
7	220 - 431	R114×4H	81	0.24	113.23	0.35	R89×4
8	220 - 432	R114×4H	81	0.55	74.52	0.61	R102×4
9	430 - 461	R114×4H	85	0.53	78.2	0.58	R102×4
10	430 - 462	R114×4H	85	0.53	78.2	0.58	R102×4
11	460 - 1091	R168×5H	64	0.7	58.88	0.74	R159×5
12	460 - 1092	R159×4H	67	0.45	61.64	0.71	R102×4
13	1090 - 1211	R203×5H	52	0.78	47.84	0.81	R194×5
14	1090 - 1212	R194×5H	55	0.77	50.6	0.80	R180×5
15	1210 - 1241	R203×5H	60	0.73	55.2	0.76	R194×5
16	1210 - 1242	R194×5H	63	0.7	57.96	0.74	R180×5
17	1240 - 1271	R203×5H	63	0.7	57.96	0.74	R180×5
18	1240 - 1272	R194×5H	66	0.68	60.72	0.72	R180×5
19	1270 - 1991	R219×5H	61	0.72	56.12	0.76	R194×5
20	1270 - 1992	R194×5H	70	0.6	64.4	0.69	R168×5
21	1990 - 2111	R325×6H	50	0.8	46	0.82	R299×6
22	1990 - 2112	R273×5H	60	0.73	55.2	0.76	R245×5
23	2110 - 2171	R273×5H	62	0.71	57.04	0.75	R219×5
24	2110 - 2172	R273×5H	62	0.71	57.04	0.75	R245×5
25	2170 - 2891	R245×5H	67	0.67	61.64	0.71	R219×5
26	2170 - 2892	R219×5H	75	0.61	69	0.66	R203×5
27	2890 - 3011	R299×7D	57	0.69	52.44	0.75	R299×6
28	2890 - 3012	R273×5H	63	0.71	57.96	0.74	R245×5
29	3010 - 3161	R299×6H	73	0.62	67.16	0.67	R273×6
30	3010 - 3162	R299×6H	73	0.55	67.16	0.67	R245×6
31	3160 - 3380	R273×6H	90	0.49	82.8	0.54	R273×5
32	3160 - 3320	R273×6H	90	0.49	82.8	0.54	R273×5
33	3380 - 3660	R325×6H	101	0.42	92.92	0.47	R273×6
34	3320 - 3660	R325×6H	101	0.42	92.92	0.47	R273×6

续表

序号	构件编号	现行规范计算结果			工程方法计算结果		
		构件规格	计算长细比	稳定系数	计算长细比	稳定系数	新规格
35	3160 - 4001	R273×6H	92	0.47	84.64	0.53	R273×5
36	3160 - 4002	R273×6H	92	0.47	84.64	0.53	R273×5
37	3160 - 4501	R273×6H	92	0.47	84.64	0.53	R273×5
38	3160 - 4502	R273×6H	92	0.47	84.64	0.53	R273×5
39	4500 - 4870	R273×6H	96	0.45	88.32	0.50	R273×5
40	4500 - 4810	R273×6H	96	0.45	88.32	0.50	R273×5
41	3160 - 5220	R273×5H	84	0.53	77.28	0.59	R245×5
42	3160 - 5240	R273×5H	84	0.53	77.28	0.59	R245×5
43	5220 - 5350	R299×6H	95	0.46	87.4	0.51	R245×6
44	5240 - 5350	R299×6H	95	0.46	87.4	0.51	R245×6
45	5350 - 5550	R299×6H	98	0.44	90.16	0.49	R245×6
46	5350 - 5490	R299×6H	98	0.44	90.16	0.49	R245×6
47	3660 - 6350	R299×6H	106	0.39	97.52	0.44	R245×6
48	3660 - 6290	R299×6H	106	0.39	97.52	0.44	R245×6

采用本书推荐的工程实用方法与规范设计方法计算塔重，对比如表 7 - 7 所示。

表 7 - 7　　工程实用方法与规范设计方法计算塔重对比

塔型	呼高 (m)	规范计算塔重 W_1（t）	工程实用方法计算塔重 W_2（t）	工程实用方法与规范方法计算塔重比 W_2/W_1
SZC27103J	48	78.53	75.06	95.6%
	54	85.26	81.26	95.3%
	60	92.39	88.91	96.2%
	66	98.30	94.83	96.5%
	72	106.27	102.79	96.7%
	78	113.80	110.33	97.0%
	81	116.91	113.43	97.0%
SJ30152	36	129.79	125.71	96.9%
	42	138.94	134.39	96.7%
	48	149.82	145.08	96.8%
	54	157.92	152.83	96.8%

可见，若 1000kV 特高压交流双回路钢管塔采用工程方法进行设计，直线塔、耐张塔塔重均低于现行规范设计方法塔重，降低幅度约为 3%～5%，经济效益可观。

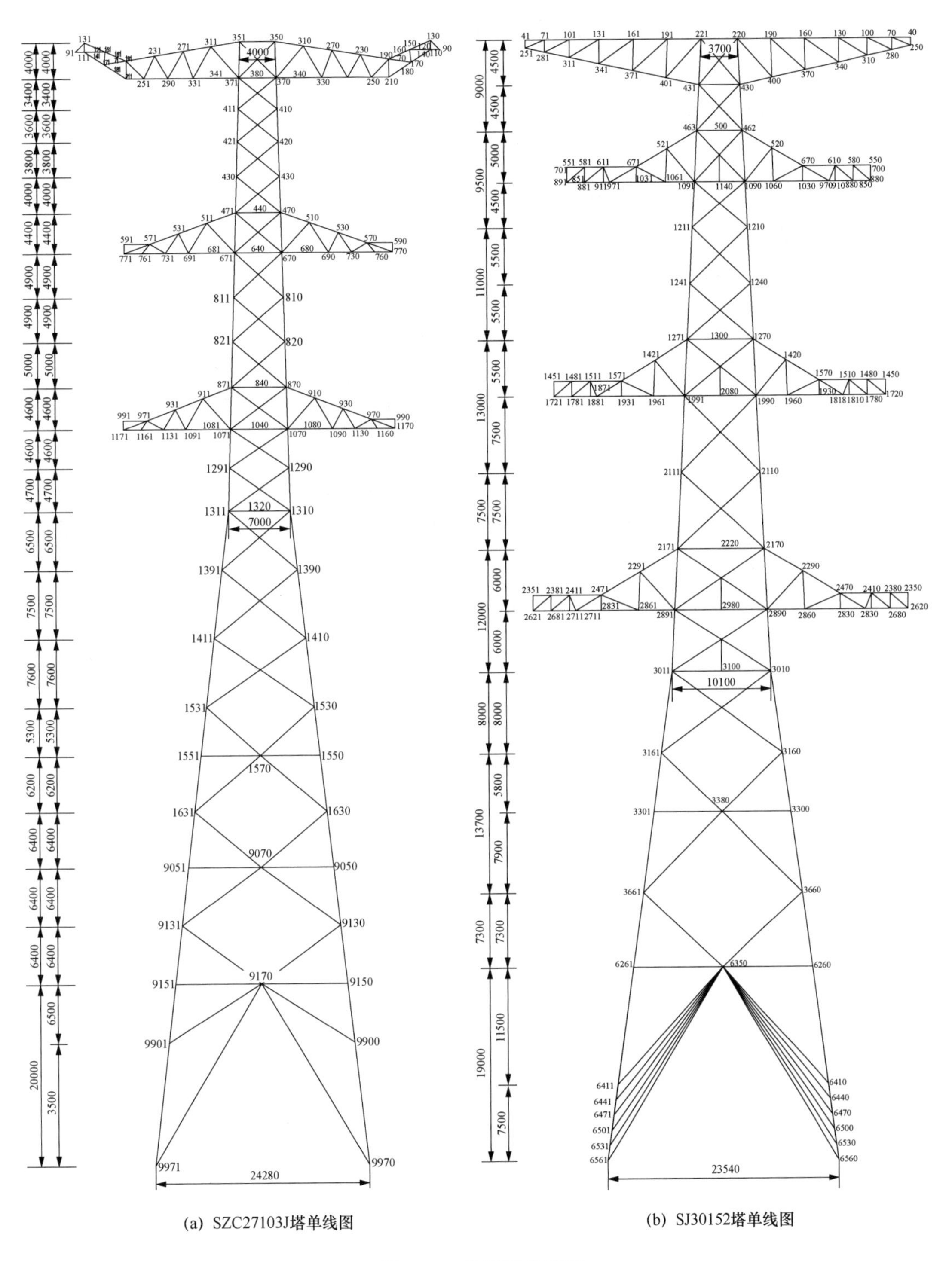

4000
3400
3600
3800
4000
4400
4900
4900
5000
4600
4600
4700
6500
7500
7600
5300
6200
6400
6400
6400
6500
20000
3500
131
91
111
231
271
311
351
350
310
270
230
190
160
150
130
90
170
180
210
250
330
340
370
380
371
341
331
290
251
411
410
421
420
430
471
440
470
511
510
531
530
571
570
591
590
770
760
730
690
680
670
640
671
681
691
731
761
771
811
810
821
820
871
840
870
911
910
931
930
971
970
991
990
1170
1160
1130
1090
1080
1070
1040
1071
1081
1091
1131
1161
1171
1291
1290
1311
1320
1310
7000
1391
1390
1411
1410
1531
1530
1551
1570
1550
1631
1630
9070
9051
9050
9131
9130
9170
9151
9150
9901
9900
9971
9970
24280
(a) SZC27103J塔单线图
4500
9000
9500
5000
11000
5500
13000
7500
12000
6000
8000
13700
5800
7900
7300
19000
11500
41
71
101
131
161
191
221
220
190
160
130
100
70
40
250
251
281
311
341
371
401
431
3700
430
400
370
340
310
280
463
500
462
521
520
551
581
611
671
670
610
580
550
700
880
701
891
881
911
1031
1061
1091
1140
1090
1060
1030
850
1211
1210
1241
1240
1271
1300
1270
1421
1420
1451
1481
1511
1571
1570
1510
1480
1450
1871
1930
1720
1721
1781
1881
1931
1961
1991
2080
1990
1960
2111
2110
2171
2220
2170
2291
2290
2351
2381
2411
2471
2470
2410
2380
2350
2831
2861
2980
2620
2621
2681
2891
2890
2860
2830
2680
3011
3100
3010
10100
3161
3160
3380
3301
3300
3661
3660
6261
6350
6260
6411
6410
6441
6440
6471
6470
6501
6500
6531
6530
6561
6560
23540
(b) SJ30152塔单线图

图 7-1　典型塔单线图

7.2 发展展望

架空输电钢管塔结构具有塔身高、承载力较大的特点，在今后实际工程的应用将会日益广泛。本书的研究成果可为今后输电钢管塔结构的设计应用提供可靠参考。在本书工作的基础上，作者认为可继续深入开展的工作有以下几个方面。

（1）目前针对复杂管板—相贯节点的研究较少，相关试验数据仍十分匮乏，在后续工作中有必要针对节点进行相关试验补充，以完善节点极限承载力相关数据、节点受力特点及破坏形态。

（2）受限于节点现有研究成果及承载力等数据量的限制，本书对节点受力特点及承载力的研究还不够完善，相关计算方法的考虑亦不够全面，在后续的工作中可进一步优化以使研究更具系统性和完整性。

（3）本书针对节点进行的受力性能及延性断裂分析仅考虑了单调静力加载的情况，对于节点在往复循环荷载作用下的受力性能及超低周疲劳断裂特性还有待进一步分析研究。

（4）本书仅对节点支管承受轴向荷载的情况进行了讨论，未考虑支管杆件弯矩及扭转对节点受力的影响，可对其继续进行研究分析。

附录　钢管塔常规库中节点面外转动刚度表

钢管塔常规库中节点面外转动刚度表

插板名称	钢材强度（MPa）	螺栓直径（mm）	螺栓颗数（颗）	斜材直径（mm）	斜材厚度（mm）	插板厚度（mm）	节点板厚度（mm）	面外刚度（kN·m/rad）
C0703S5	345	16	2	76	3	6	8	71
C0704S5	345	16	2	76	4	6	8	71
C0803S5	345	16	2	89	3	6	8	71
C0804S5	345	20	2	89	4	6	8	77
C1003S5	345	20	2	102	3	6	8	77
C1004S5	345	20	2	102	4	8	10	99
C1104S5	345	20	2	114	4	8	10	99
C1204S5	345	20	3	127	4	8	10	133
C1404S5	345	20	3	140	4	8	10	133
C1504S5	345	20	3	159	4	8	10	133
C1505S5	345	20	5	159	5	8	10	159
C1604S5	345	20	3	168	4	8	10	159
C1605S5	345	20	5	168	5	8	10	166
C1804S5	345	20	5	180	4	8	10	166
C1805S5	345	20	5	180	5	8	10	166
CS1905S5	345	20	5	194	5	8	10	173
CS1906S5	345	24	5	194	6	10	12	251
CS2005S5	345	20	5	203	5	8	10	173
CS2006S5	345	24	5	203	6	10	12	251
CS2105S5	345	24	5	219	5	8	10	212
CS2106S5	345	24	5	219	6	10	12	260
CS2405S5	345	24	5	245	5	8	10	212
CS2406S5	345	24	5	245	6	10	12	260
CS2705S5	345	24	5	273	5	8	10	250
CS2706S5	345	24	5	273	6	10	12	260
CS2906S5	345	24	5	299	6	10	12	324
CS2907S5	345	24	6	299	7	10	12	276
C3206S5	345	24	5	325	6	12	14	385
C3207S5	345	24	6	325	7	12	14	354
C3506S5	345	24	6	356	6	12	14	354
C3507S5	345	24	7	356	7	12	14	484

续表

插板名称	钢材强度（MPa）	螺栓直径（mm）	螺栓颗数（颗）	斜材直径（mm）	斜材厚度（mm）	插板厚度（mm）	节点板厚度（mm）	面外刚度（kN·m/rad）
C3706S5	345	24	7	377	6	12	14	408
C3707S5	345	24	7	377	7	12	14	453
C4006S5	345	24	7	406	6	12	14	416
C4007S5	345	24	7	406	7	12	14	416
C0804S7	345	20	3	89	4	8	10	135
C1004S7	345	20	3	102	4	8	10	135
C1104S7	345	20	3	114	4	8	10	139
C1204S7	345	20	4	127	4	8	10	143
C1404S7	345	20	4	140	4	8	10	143
C1504S7	345	20	4	159	4	8	10	147
C1505S7	345	20	6	159	5	8	10	159
C1604S7	345	20	5	168	4	8	10	199
C1605S7	345	20	6	168	5	8	10	166
C1804S7	345	20	5	180	4	8	10	206
C1805S7	345	20	6	180	5	8	10	166
C1905S7	345	24	5	194	5	8	10	243
C1906S7	345	24	6	194	6	10	12	251
C2005S7	345	24	5	203	5	8	10	243
C2006S7	345	24	6	203	6	10	12	251
C2105S7	345	24	6	219	5	8	10	212
C2106S7	345	24	6	219	6	10	12	260
C2405S7	345	24	6	245	5	8	10	219
C2406S7	345	24	7	245	6	10	12	285
C2705S7	345	24	7	273	5	8	10	247
C2706S7	345	24	7	173	6	10	12	303
C2906S7	345	24	7	299	6	10	12	312
C2907S7	345	24	8	299	7	10	12	339
C3206S7	345	24	7	325	6	12	14	380
C3207S7	345	24	8	325	7	12	14	412
C3506S7	345	24	8	356	6	12	14	429
C3507S7	345	24	9	356	7	12	14	484
C3706S7	345	24	8	377	6	12	14	416
C3707S7	345	24	10	377	7	12	14	418
C4006S7	345	24	10	406	6	12	14	416
C4007S7	345	24	10	406	7	12	14	416

续表

插板名称	钢材强度（MPa）	螺栓直径（mm）	螺栓颗数（颗）	斜材直径（mm）	斜材厚度（mm）	插板厚度（mm）	节点板厚度（mm）	面外刚度（kN·m/rad）
XK1104S7	345	16	8	114	4	6	8	964
XK1204S7	345	16	8	127	4	6	8	1006
XK1404S7	345	16	8	140	4	6	8	1006
XK1504S7	345	16	8	159	4	6	8	1061
XK1505S7	345	16	8	159	5	8	10	1187
XK1604S7	345	16	8	168	4	6	8	1061
XK1605S7	345	16	8	168	5	8	10	1187
XK1804S7	345	16	8	180	4	6	8	1169
XK1805S7	345	16	8	180	5	8	10	1244
XK1905S7	345	16	8	194	5	8	10	1244
XK1906S7	345	20	8	194	6	8	10	1598
X2005S7	345	20	8	203	5	8	10	1663
X2006S7	345	20	8	203	6	8	10	1728
X2105S7	345	20	8	219	5	8	10	1598
X2106S7	345	20	8	219	6	8	12	1887
X2405S7	345	20	8	245	5	8	10	1793
X2406S7	345	20	8	245	6	8	12	1954
X2705S7	345	20	8	273	5	8	12	2022
X2706S7	345	20	12	273	6	8	12	3019
X2906S7	345	20	12	299	6	8	12	3351
X2907S7	345	20	12	299	7	8	12	3433
X3206S7	345	20	12	325	6	8	12	3515
X3207S7	345	20	12	325	7	8	12	3515
X3506S7	345	20	12	356	6	8	12	3678
X3207S7	345	20	12	356	7	8	14	3840
X3706S7	345	20	12	377	6	8	12	3840
X3707S7	345	20	12	377	7	8	14	4009
X4007S7	345	20	12	406	7	8	16	4422
X4006S7	345	20	12	406	6	8	14	4260
X4207S7	345	20	16	426	7	8	14	5592
X4208S7	345	20	16	426	8	10	16	5805

参 考 文 献

[1] 曹建萍．国家电网报（第五版）[N]．2008.11.13.

[2] 王肇民，马人乐．塔式结构 [M]．北京：科学出版社，2004.

[3] 日本铁塔协会．输电线路钢管塔制作基准 [S]．日本：日本铁塔协会，1985，6.

[4] 日本建筑学会．钢管结构设计施工指南及解说．丸善株式会社，东京，1990.

[5] Saeko S. Experimental study on strength of tubular steel structures [J]．J Japanese Soc Steel Construct 1974，10 (112)：37 - 68.

[6] 赵熙元．钢管结构设计 [J]．钢铁技术，1997，第一期．

[7] 吴昌栋，陈云波．钢管结构在建筑工程的应用 [J]．工业建筑，1997，27 (2)：10 - 15.

[8] Yura J. A，Edwards I. F and Zettlemoycr. N. Ultimate capacity of circular tubular joints [J]. J. Struct. Division，ASCE，1981，107 (10)：1965 - 1984.

[9] Kurobane，Y，MakinoY and Ochi K. Ultimate resistance of unstiffened tubular joints [J]. J. Struct. Engrg，ASCE，1984，110 (2)：385 - 400.

[10] Paul J. C，et al. Ultimate resistance of Unstiffened Multiplanar Tubular TT - and KK - joints [J]. J. Struct. ASCE，1994，120 (10)：2854 - 2870.

[11] Cofer W. F. et al. Analysis of Welded Tubular Connections Using Continuum Damage Mechanics [J]. J. Struct. Engrg，ASCE，1994，118 (3)：828 - 845.

[12] Makino Y，Kurobane Y，Ochi K，Vegte G. J，Wilmshurst S. R. Database of Test and Numerical Analysis Results for Unstifened Tubular joints [J]．Ⅱ W Doc. XV - E - 96 - 220，1996.

[13] Kang C. T，Moffat D. G and Ministry J. Strength of DT tubular joints with brace and chord compression [J]．J. Struct. Engrg. ASCE，1998，124 (7)：775 - 783.

[14] C. K. Soh，T. K. Chan，S. K. Yu. Limit Analysis of ultimate strength of tubular X - joints [J]. J. Struct. Engrg.，ASCE，2000，126 (7)：790 - 797.

[15] 陈继祖，陆化谱．焊接管节点设计承载力公式研究 [J]．大连工学院学报，1986，25 (2)：47 -52.

[16] 杨国贤，陈延国．受拉 T 型管节点静承载力分析的实用计算法 [J]．大连工学院学报，1987，26 (2)：101 - 106.

[17] 陈铁云，朱正宏，吴水云．塑性节点法的研究及其在薄壳结构中的应用 [J]．计算结构力学及其应用，1991，8 (3)：34 - 42.

[18] 陈以一，沈祖炎，詹深，等．直接汇交节点三重屈服线模型及试验验证 [J]．土木工程学报，1999，32 (6)：26 - 31.

[19] 陈以一，陈扬骥．钢管结构相贯节点的研究现状．管结构技术交流会论文集．北京：中国土木工程学会，2001.11.

[20] 刘建平，郭彦林，陈国栋．方圆相贯节点极限承载力研究 [J]．建筑结构，2001，31 (8)：21 -24.

[21] 刘建平，郭彦林．K 型方、圆相贯节点的极限承载力非线性有限元分析［J］．建筑科学，2001，17（2）：50－53.
[22] 陈以一，王伟，赵宪忠，等．圆钢管相贯节点抗弯刚度和承载力实验［J］．建筑结构学报，2001，22（6）：38－44.
[23] 詹深．空间直接焊接圆钢管节点足尺试验研究［D］．上海：同济大学，2000.
[24] 陈金凤．空间异型钢管相贯节点的理论与试验研究［D］．武汉：华中科技大学，2005.
[25] 陈以一，等．圆钢管空间相贯节点试验研究［J］．土木工程学报，2003，36（8）：88－97.
[26] 陈以一，虞晓华．大直径钢管节点极限承载力的试验及分析［J］．工程力学，1996，15（3）：51－53.
[27] 刘建平，等．圆管相贯节点极限承载力有限元分析［J］．建筑结构，2002，32（7）：55－57.
[28] 虞晓华．大型直接汇交焊接 K 型圆钢管节点极限承载力研究［D］．上海：同济大学，1996.
[29] Y Kurobane，Y Makino and Koji Ogawa. Further ultimate limit criteria for design of tubular K－joints. Tubular Structures . The 3rd Int. Symposium，Finland，1990.
[30] N. Kosteski，J. A. Packer. A finite element method based load determination procedure for hollow structural section connections［J］. Journal of Constructional Steel Research，2003，59（2）：101－104.
[31] 朱邵宁．圆钢管相贯节点极限承载力分析与足尺试验研究［D］．湖南：湖南大学，2003.
[32] M. B. Gibstein. Stress Concentration in Tubular K－Jionts with Diameter Ratio Equal to One［M］. Steel in marine Structures，1987.
[33] Ai－Kah Sob，Che Kiong Soh. ‘Hotspot’ stresses of tubular joints subjected to Combined loadings［J］. J. Structural Engineering，1993，119（2）：91－96.
[34] Spyros A. Karamanos，et al. Stress Concentrations in tubular gap K －joints［J］. mechanics and fatigue design，2000，22（4）：102－106.
[35] 李明浩．钢管塔插板节点与相贯线节点及试验设备的研究［D］．上海：同济大学，2003.
[36] 郑鸿志．空间大尺度圆管节点性能研究［D］．上海：同济大学，2003.
[37] 武胜．直接焊接 K 型、N 型间隙钢管节点静力工作性能的研究［D］．哈尔滨：哈尔滨工业大学，2002.
[38] 武振宇，张耀春．直接焊接钢管节点静力工作性能的研究现状［J］．哈尔滨建筑大学学报，1996，29（6）：102－109.
[39] J. 沃登尼尔．钢管截面的结构应用［M］．张其林，刘大康译．上海：同济大学出版社，2002.
[40] 陈誉，彭兴黔，赵宪忠．钢管搭接节点的研究现状［J］．基建优化，2007.10.
[41] 应建国，叶尹．大跨越输电线路钢管塔结点分析［J］．电力建设，2003.9.
[42] 西北电网 750kV 输变电工程关键技术研究：750kV 新型钢管塔的研究——法兰连接试验研究报告［R］．国电电力建设研究所，2002.
[43] 周卫，何敏娟，马人乐，等．500kV 变电所架构柔性法兰的试验研究［J］．电力建设，2004，25（1）：24－32.
[44] 郭建，孙炳楠．钢管塔中管—板连接节点的破坏全过程分析［J］．工业建筑，2006.

[45] 余世策，孙炳楠，叶尹．高耸钢管塔结点极限承载力的试验研究与理论分析［J］．工程力学，2004，21（3）：155～161.

[46] 鲍侃袁，沈国辉，孙炳楠，等．高耸钢管塔K型结点极限承载力的试验研究与理论分析［J］．工程力学，2008，25（12）：114-122.

[47] 吴龙升，孙伟民，张大长．U型插板钢管连接节点承载力特性的非线性有限元分析［J］．南京工业大学学报（自然科学版），2008，1.

[48] 金晓华，傅俊涛，邓洪洲．输电塔十字插板连接节点强度分析［J］．钢结构，2006，21（5）：33-37.

[49] 傅俊涛．大跨越钢管塔节点强度理论与试验研究［D］．上海：同济大学，2006.

[50] 朱庆科，舒宣武．平面K型钢管相贯节点极限承载力有限元分析［J］．华南理工大学学报（自然科学版），2002，30（12）：10-16.

[51] 刘建平，郭彦林．管节点弹塑性大挠度有限元分析［J］．青海大学学报（自然科学版），2001，19（1）：38-42.

[52] 王梅．T型方圆相贯节点非线性分析［D］．合肥：合肥工业大学，2002.

[53] 赵熙元．建筑钢结构设计手册［M］．北京：冶金工业出版社，1985年10月．

[54] Wang B，Hu N，Kurobane Y. Damage criterion and safetyassessment approach to tubular joints［J］. Engineering Structure，Elsevier，2000，22（5）：424-434.

[55] Kim Woo-Bum. Ultimate strength of tube-gusset plateconnections considering eccentricity［J］. Engineering Structures，Elsevier，2001，23（11）：1418-1426.

[56] Lie S T，Lee C K，Wong S M. Modeling and meshgeneration of weld profile in tubular Y-joint［J］. Journalof Constructional Steel Research，Elsevier，2001，57（5）：547-567.

[57] Soh C K，Chan T K，Yu S K. Limit analysis of ultimate strength of tubular X-Joints［J］. Journal of Structural Engineering，ASCE，2000，126（7）：790-797.

[58] 陈以一，沈祖炎，詹琛．直接汇交节点三重屈服线模型及试验验证［J］．土木工程学报，1999，32（6）：26-31.

[59] Wierzbicki T，Suh M S. Indentation of tubes undercombined loading［J］. International of Mechanical Sciences，Elsevier，1988，30（3-4）：229-248.

[60] Zeinoddini M，Harding J E，Parke G A R. Contribution ofring resistance in the behavior of steel tubes subjected toa lateral impact［J］. International Journal of Mechanical Sciences，Elsevier，2000，42（12）：2303-2320.

[61] Suh M S. Plastic analysis of dented tubes subjected tocombined loading［D］. Massachusetts：MassachusettsInstitute of Technonlogy，1987.

[62] Wierzbicki T，Bhat S U. A moving hinge solution foraxisymmetric crushing of tubes［J］. vInternational Journal of Mechanical Sciences，Elsevier，1986，28（3）：135-151.

[63] 王小丽，翁雁麟，关富玲．X型圆管相贯结点极限承力分析［J］．市政技术，2006，24（1）：34-36.

[64] Elchalakani M，Zhao X L，Grzebieta R H. Plasmechanism analysis of circular tubes under pure bend

[J] . International Journal of Mechanical SciencElsevier, 2002, 44 (6): 1117 - 1143.

[65] Hopkins H G. On the behavior of infinitely long rigid - plastic beams under transverse concentrated load [J] . Journal of the Mechanics and Physics of Solids, Elsevier, 1985, 4 (1): 38 - 52.

[66] Zeinoddini M, Harding J E, Parke G A R. Contribution of ring resistance in the behavior of steel tubes subjected to a lateral impact [J] . International Journal of Mechanical Sciences, Elsevier, 2000, 42 (12): 2303 - 2320.

[67] Saeko S. Experimental study on strength of tubular steel structures [J] . Journal of Society of steel construction, 1974, 10 (112): 37 - 68.

[68] Recommendations for the design and fabrication of tubular structures in steel [S] . Institute Of Japan, 1990.

[69] Packer J A, Henderson J E. Design guide for hollow structural section connections [S] . Canadian Institute of Steel Construction, 1992.

[70] Williams GC, Richard RM. Steel connection design based on inelastic finite element analysis. Rep to Dept of Civil Engrg and Engrg Mech, the University of Arizona, 1986.

[71] Bjorhovde R, Chakrabarti SK. Tests of full - size gusset plate connections [J] . J Struct Div, ASCE, 1985, 111 (3): 667 - 686.

[72] Yam MCH, Sheng N, Iu VP, Cheng JJR. Analytical study of the compressive behaviour and strength of steel gusset plate connections. In: Proceedings of the CSCE 1998 Annual Conference. 1998 (Halifax, Nova Scotia) .

[73] Cheng JJR, Yam M, Hu SZ. Elastic buckling strength of gusset plate connections [J] . J Struct Eng, ASCE, 1994, 120 (2): 538 - 559.

[74] Gross JL. Experimental study of gusseted connections [J] . Eng J, AISC 1990, 27 (3): 89 - 97.

[75] Chakrabarti SK, Richard RM. Inelastic buckling of gusset plates [J] . Struct Eng Rev 1990, 2: 12 -29.

[76] Brown VL. Stability of gusseted connections in steel structures [D] . PhD thesis. Department of Civi Engineering, Widener University, 1990.

[77] Yamamoto K, Akiyama N, Okumura T. Buckling strength of gusseted truss joints. J Struct Div ASCE 1988, 114 (3): 575 - 90.

[78] Hu SZ, Cheng JJR. Compressive behavior of gusset plate connections. Struct Engrg Rep No 153Dept of Civl Engrg, Univ. of Alberta, 1987, p. 148.

[79] AISC. Load and resistance factor design specification for structural steel buildings Chicago, IL American Institute of Steel Construction (AISC), 1999.

[80] CSA. CSA - S16. 1 - 94—limit states design of steel structures. Rexdale, Ontario, Canada: Ontario, Canada: Canadian Standards Association, 1994.

[81] Kulak GL, Fisher JW, Struik JHA. Guilde to design criteria for bolted and riveted joints, Second. New York: Wiley - Interscience, 1987.

[82] Hardash SG, Bjorhovde R. New design criteria for gusset plates in tension [J] . Eng J, AISC 1985;

22 (2): 77 - 94.

[83] CSA. CSA - G40. 21 - M92—structural quality steel. Rexdale, Ontario, Canada: Canadian Standard Association, 1992.

[84] Gaylord EH, Gaylord CH, Stallmeyer JE. Design of steel structures, third ed. New York: McGraw Hill, 1992.

[85] Whitmore RE. Experimental investigation of stresses in gusset plates. Bulletin No 16, Engineering Experiment Station, University of Tennessee, 1952.

[86] Thornton WA. Bracing connections for heavy construction [J]. Eng J, AISC 1984, 21 (3): 139 -148.

[87] Architectural Institute of Japan. Recommendations for the designand fabrication of tubular structures in steel, 1990.

[88] KEPCO. Specification for electric transmission tower design, 1991.

[89] Packer JA, Henderson JE. Design guide for hollow structural sec - tion connections. Canadian Inst Steel Construct, Markham, Onta - rio, 1992.

[90] Kurobane Y. New developments and pratices in tubular joint design. Int Inst Welding, Annual Assembly, Doc XV - 488 - 81, 1981.

[91] Wardeneir J. Hollow section joints. Delft: Delft UniversityPress, 1982.

[92] Ariyoshi M, Makino Y, Choo YS. Introduction to the database of gusset - plate to CHS tube joints [M]. Proc. of 8th Int. Symposium onTubular Structures, Singapore 1998, 4 (13).

[93] Kim WB. A study on connections of circular hollow section with gusset plate [J]. J Architectural Inst Korea 1997, 13 (3): 263 - 271.

[94] Kim WB. A study on the local deformation of tubular connectionin Truss. Conf. Korean Society of Steel Construct, 1995, 7 (2): 135 - 140.